"CO_2近零排放的煤气化燃料电池发电技术"丛书

煤气化燃料电池发电系统集成

李初福　杨霞　王燕超　著

化学工业出版社
·北京·

内容简介

本书以我国“双碳”目标为背景，针对煤电行业高碳排放痛点，系统阐述了整体煤气化燃料电池（integrated gasification fuel cell，IGFC）技术作为革命性解决方案的理论基础、关键技术突破及产业化路径。全书围绕IGFC系统集成展开，覆盖从材料选择到示范工程的全链条技术。详细介绍了IGFC系统集成技术在国内外的最新进展，系统总结了编者在IGFC系统关键材料筛选、零部件开发、SOFC（固体氧化物燃料电池）发电模块集成放大、工艺系统及辅助设备、试验运行及控制策略、系统模拟及分析等多方面的研究进展及成果。书中首次公开了自主开发的国内首台/套100kW级IGFC示范系统、单机50kW级SOFC发电系统等核心成果，展示了我国在打破国外技术封锁、实现IGFC自主化方面的重大进展。

本书可供从事燃料电池开发工作的科研、企业人员参考，也可供相关专业在校师生作为补充教材。

图书在版编目（CIP）数据

煤气化燃料电池发电系统集成 / 李初福，杨霞，王燕超著. — 北京 ：化学工业出版社，2025. 10.
（“CO2 近零排放的煤气化燃料电池发电技术”丛书）.
ISBN 978-7-122-48723-0

Ⅰ. TM911. 4

中国国家版本馆CIP数据核字第20255LE663号

责任编辑：于　水　　文字编辑：赵　越
责任校对：李雨函　　装帧设计：韩　飞

出版发行：化学工业出版社
（北京市东城区青年湖南街13号　邮政编码100011）
印　　装：北京天宇星印刷厂
710mm×1000mm　1/16　印张13　字数224千字
2025年10月北京第1版第1次印刷

购书咨询：010-64518888　　售后服务：010-64518899
网　　址：http：//www. cip. com. cn
凡购买本书，如有缺损质量问题，本社销售中心负责调换。

定　　价：148.00元　

前　言

煤电在我国电力结构中占主体地位，也是碳排放大户。在双碳目标下，煤电行业面临着碳减排的巨大压力。煤气化燃料电池（IGFC）将煤气化和燃料电池相结合，实现了从传统煤基热力循环发电向先进复合电化学发电的技术跨越，可以大幅提高煤电效率，同时高效富集CO_2，降低CO_2捕集成本，是一项煤炭发电的根本性变革技术。2017年，国家能源集团牵头承担了国家重点研发计划项目"CO_2近零排放的煤气化发电技术"，开始推动国内IGFC技术开发与示范。项目团队在彭苏萍院士的带领下，历经五年的攻关，取得了一系列阶段性成果。

基于这些宝贵的研究成果，北京低碳清洁能源研究院精心组织编写了CO_2近零排放的煤气化燃料电池发电技术丛书。这套丛书包括《整体煤气化燃料电池发电系统设计》《新型煤气化净化技术及应用》《固体氧化物电解池：制备、表征及应用》和《煤气化燃料电池发电系统集成》四册。丛书全面且系统地总结了IGFC系统设计与模拟、新型煤气化净化技术、固体氧化物电解池技术和IGFC系统集成示范等多个关键领域的研究进展和成果，为广大读者提供了全面深入了解IGFC技术发展的有效途径，更为后续相关研究的开展提供了有力的参考依据，对推动国内IGFC技术的发展和应用具有重要意义。

本书着重聚焦于IGFC系统集成技术。书中详细介绍了IGFC系统集成技术在国内外的最新进展，深入系统地梳理和总结了IGFC系统关键材料筛选、零部件开发、发电模块集成放大、工艺系统及辅助设备、试验运行及控制策略、系统模拟及分析等多方面的研究内容及成果，旨在为读者打开一扇深入了解IGFC集成技术的大门，为后续研究的顺利开展提供坚实的基础。

在本书编写过程中，参考了相关的专著和资料，谨在此向其作者表示感谢；也感谢参与本书资料收集与整理的项目组人员：许明，姚金松，李文霄，郝国政，于双恩，薛云鹏，张颖，刘书贤，王翰林，杨征，龚思琦，李萍萍，张朝环，巩玉栋等，他们搜集整理的详实资料丰富了本书的内容；同时还要感谢为本书研究工作开展及在出版过程中给与热情支持和大力帮助的相关单位和同志。

本书在编写过程中，遵循 IGFC 系统集成中从材料、部件、装备到系统的逻辑思路，精心组织内容，力求条理清晰、层次分明，便于读者理解和掌握复杂的专业知识。然而，需要坦诚指出的是，IGFC 系统集成技术涉及多个学科领域，专业知识跨度大，尽管编写团队全力以赴，但书中难免存在不足之处。在此，我们真诚地希望广大读者能够不吝批评指正，共同推动 IGFC 技术的发展和应用。

著者

2025 年 6 月

目　录

第1章

绪　论

能源对保障人类生活质量和经济稳定至关重要[1]，能源消耗也是碳排放最主要的来源，国际能源署发布的《2023年世界能源展望》预计相关的碳排放量将在2025年达到一个高点[2]。面对当下的能源危机，一些政府采取了短期措施和长期政策，为提高国家自主贡献力度，2020年9月中国宣布采取更加有力的政策和措施实现“双碳”目标，即力争于2030年前达到二氧化碳排放峰值，2060年前实现碳中和。在2022年3月全国两会上，习近平总书记指出：“富煤贫油少气是我国的国情，以煤为主的能源结构短期内难以根本改变。实现‘双碳’目标，必须立足国情，坚持稳中求进、逐步实现，不能脱离实际、急于求成，搞运动式‘降碳’、踩‘急刹车’”。同时，政府工作报告也指出，推动能源革命，确保能源供应，立足资源禀赋，坚持先立后破、通盘谋划，推进能源低碳转型[3]。

在中国，二氧化碳排放的主要来源中占比最大的是电力行业[4]。根据国家统计局发布的数据，2023年全国全社会用电量9.22万亿千瓦时，比上年增长6.7%。我国作为全球煤炭生产与消费大国，在电力生产供应结构中，煤电发电量占总发电量比例接近六成，仍是当前我国电力供应的主要手段[5]。由于煤电是将煤粉直接燃烧的化学能逐步转化为蒸汽热能-机械能-电能，该过程能源利用率低，约为低位热值（Lower Heating Value，LHV）的40%，不仅造成能源浪费，而且会产生大量温室气体（如CO_2）排放[6-8]。

国际能源署（International Energy Agency，IEA）数据显示，2021年全球能源领域的二氧化碳排放量达到363亿吨，同比上涨6%，创历史新高。其中我国全年排放量约为120亿吨，约占全球总量的三分之一[9]。火力发电行业提效、节能、减排的需求已日渐凸显[10]，加强煤炭清洁高效利用，有序减量替代火电发电占比，推动煤电高效、节能改进，研究清洁、高效、灵活、安全的发电技术已成为未来主要发展方向[11]。近年来我国开展了多项洁净燃煤技术研究，包括超超临界发电技术[12]、整体煤气化联合发电技术（Integrated Gasification Combined Cycle，IGCC）[13]、煤电与光伏储能联动等[14]。

氢能作为一种清洁高效、绿色可持续的二次能源，已广泛应用在工业制造、交通运输、发电制热等多个重要领域，是未来构建绿色低碳能源体系的重要抓手，有助于加速推动我国能源结构改革、实现由传统化石能源向可再生能源的平稳过渡[15]。氢能源的利用方式有很多种，近年来备受关注的主要包括氢内燃机（Hydrogen Internal Combustion Engine，HICE）和燃料电池（Fuel Cell，FC）。氢内燃机在结构上与传统内燃机差别不大，可以依托现有工业体系，进行低成本、批量化生产。另外对于重型卡车、船舶、工程机械等高功率与大载荷的设备，氢内燃机在提供零碳解决方案的同时又能够保持较高的自身热效率。早在2000年左右，美国福特汽车公司（Ford Motor Company）便正式启动氢内燃机的研发工作，但是目前缸内燃爆、早燃、回火以及气道喷氢导致动力下降等一系列技术难题仍有待进一步解决。燃料电池是一种电化学发电方式，它能够将燃料的化学能通过电化学反应直接转化为电能。在多种燃料电池发电技术中，IGCC技术[16]和整体煤气化燃料电池发电（Integrated Gasification Fuel Cell，IGFC）技术[17-20]是最具有前景的有效手段之一[7]。IGFC是一种将煤气化和燃料电池结合的发电技术，可实现煤基热力循环发电复合电化学发电的技术跨越，大幅提高煤电效率，同时富集CO_2，降低CO_2捕集成本[21,22]，实现CO_2及污染物近零排放，是煤炭发电的根本性变革。燃料电池种类较多，目前世界范围内大部分发达国家的发展重点基本是以质子交换膜燃料电池（Proton Exchange Membrane Fuel Cell，PEMFC）和固体氧化物燃料电池（Solid Oxide Fuel Cell，SOFC）为主。PEMFC主要以高纯度氢气作为燃料，被广泛用于以新能源汽车为代表的各类交通运输和工业工程领域[23]。SOFC凭借更高的发电效率（65% LHV）、更低的温室气体排放量以及安全可靠的系统保障，成为分布式燃料电池发电系统优选方案[24,25]。相较于传统的集中式发电、电网统一输电模式，分布式SOFC发电系统能够直接建立在终端用户侧，有效降低了输电过程中带来的复杂性和不稳定性，大幅减少电力损耗，从多方面提升系统效率[24]。另外，高温运行的SOFC技术可以直接采用天然气、气化煤气、焦炉煤气、煤层气和生物质气等多种燃料进行发电，无须燃烧且不受卡诺循环限制，具有发电效率高、燃料适用广、模块化及大小规模可调、低碳排放等诸多优点，是世界主要发达国家大力发展和推广的新型分布式发电技术[26,27]。在我国大力推广分布式 SOFC 发电系统将有效助力电力行业的健康良性发展，加快落实能源供给侧“清洁、高效、灵活、安全”的新型电力系统改革，为实现“双碳”目标提供有力技术支撑[28]。

1.1　燃料电池技术

燃料电池是一种将燃料与氧化剂的化学能通过电化学反应直接转换成电能的发电装置。这种装置不受卡诺循环效应的限制，因此具有较高的能量转换效率。同时，由于燃料电池使用燃料（如 H_2、天然气、甲醇、乙醇、甲酸等）[29-33] 和氧气/空气作为原料，没有机械传动部件，所以其排放的有害气体极少，使用寿命也相对较长。燃料电池的组成与一般电池相似，主要包括反应电极、电解质和外部电路。在燃料电池中，燃料气在阳极上发生氧化反应放出电子，电子经外电路传导到阴极并与阴极气体中氧化气结合发生还原反应。离子在电场作用下，通过电解质迁移到对侧电极，构成回路，产生电流。同时，由于本身的电化学反应以及电池的内阻，燃料电池还会产生一定的热量。

根据电解质的不同，燃料电池可以分为碱性燃料电池（Alkaline Fuel Cell，AFC）、磷酸燃料电池（Phosphoric Acid Fuel Cell，PAFC）、熔融碳酸盐燃料电池（Molten Carbonate Fuel Cell，MCFC）、质子交换膜燃料电池（Proton Exchange Membrane Fuel Cell，PEMFC）和固体氧化物燃料电池（Solid Oxide Fuel Cell，SOFC）等。这些不同类型的燃料电池在性能、应用场景以及成本等方面都有所不同。

1.1.1　质子交换膜燃料电池（PEMFC）

质子交换膜燃料电池（Proton Exchange Membrane Fuel Cell，PEMFC）又称为聚合物电解质燃料电池（Polymer Electrolyte Fuel Cell，PEFC）、固体聚合物燃料电池（Solid Polymer Fuel Cell，SPFC）或固体聚合物电解质燃料电池（Solid Polymer Electrolyte Fuel Cell，SPEFC），是一种使用质子交换膜作为固体电解质的一类高效、环保的燃料电池[34]。根据反应物的不同，质子交换膜燃料电池还可以分为氢气-氧气（空气）质子交换膜燃料电池、直接甲醇燃料电池、直接甲酸燃料电池以及直接乙醇燃料电池。

质子交换膜燃料电池结构如图 1.1 所示[35]，主要由质子交换膜（Proton Exchange Membrane，PEM）、催化剂层（Catalyst Layer，CL）、气体扩散层

（Gas Diffusion Layer，GDL）和双极板（Bipolar Plates，BPs）等核心部件组成。双极板上通过设计气体流道，实现气体和液体的均匀分配。气体扩散层是一种多孔的电子导体，实现反应气体、水蒸气和生成的水在孔隙内传质，其中水蒸气向膜电极的扩散和液态水的向外排出是扩散层的设计要点。催化层主要包括催化剂及其载体，是发生电化学反应的位置，通过阳极和阴极两个半电池的化学反应将化学能转换为电能。质子交换膜作为一种固态电解质，起到隔绝两侧反应以及传递质子的作用，是质子交换膜燃料电池中的核心部件。

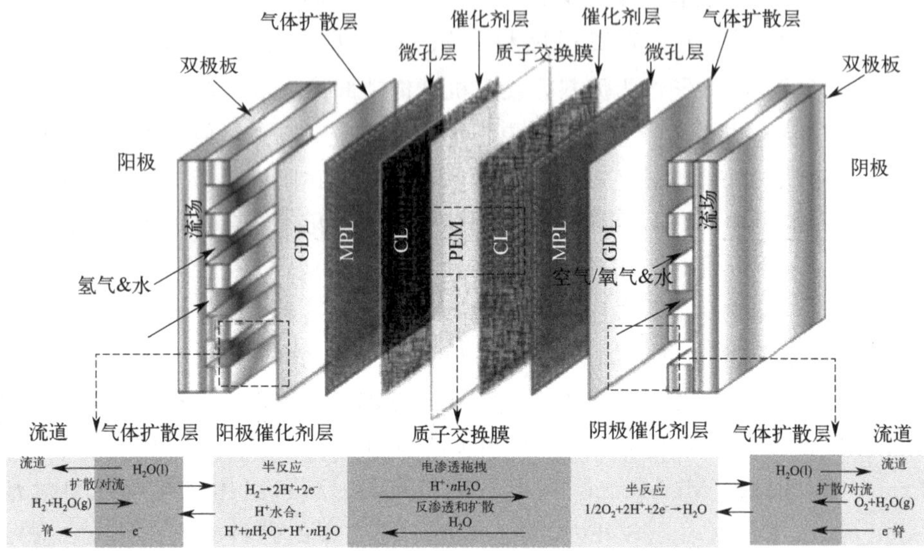

图 1.1　质子交换膜燃料电池单体电池结构

质子交换膜燃料电池的工作原理基于化学反应，具体过程如下：

① 氢气在阳极催化剂催化作用下进行氧化反应，产生电子和质子：$H_2 \longrightarrow 2H^+ + 2e^-$。

② 质子穿过质子交换膜渗透到阴极。

③ 在阴极催化剂作用下，氧气和质子反应生成水：$\frac{1}{2}O_2 + 2H^+ + 2e^- \longrightarrow H_2O$。

整个反应的化学方程式为：$H_2 + \frac{1}{2}O_2 \longrightarrow H_2O$。

质子交换膜燃料电池能量转化过程不受卡诺循环的限制，理论上最大效率可达 80%以上，受极化现象等影响实际工作效率在 40%～60%之间[36]。以纯氢气为燃料时，产物只有水，几乎不产生有害物质。以 PEMFC 为核心的发电系统中运动部件非常少，不仅工作噪声小，而且可靠性及维护性好；另外其运行温度低，可以实现快速启停。

鉴于质子交换膜燃料电池的特点，自 1955 年通用电气公司发明了质子交换膜燃料电池后，PEMFC 技术逐渐受到关注，并开始了初步的研究和开发。随着技术的不断成熟和成本的逐渐降低，PEMFC 电池堆开始在交通、电力、工业等领域得到广泛应用。特别是在交通领域，PEMFC 汽车已经实现了量产和商业化销售，如丰田 Mirai 和现代 NEXO 等车型。丰田对燃料电池汽车的长期研究积累了丰富的经验和技术，成为了全球燃料电池汽车引领者。

1992 年丰田就开始着手推进氢能技术的研发。1996 年，丰田第一款燃料电池概念车 FCHV-1 参加了大阪的游行，采用了 10kW 的 PEMFC 和金属储氢装置，该车的续航里程达到了 250km。1997 年，丰田紧接着推出了第二款燃料电池车型 FCHV-2，搭载了 25kW 的 PEMFC，并且使用了甲醇重整燃料电池，使其续航里程达到了 500km。2001 年，丰田又相继推出了 FCHV-3、FCHV-4、FCHV-5。随着技术不断改进，2014 年 11 月丰田 Mirai 上线，成为世界上首款商业化的燃料电池汽车。燃料电池的体积能量密度是 3.1kW/L，输出功率 114kW，加满 5kg 氢气可以连续行驶 640km。2020 年 10 月推出第二代 Mirai，电堆的输出功率密度为 5.4kW/L，最高输出功率提升到了 128kW，单电池厚度由 1.3mm 降为 1.1mm，厚度缩减 15%，单电池生产周期降至秒级。

国内对质子交换膜燃料电池的研发得到了快速发展，实现了在汽车上的应用。自 2021 年底京津冀、上海、广东、郑州和河北五大燃料电池汽车示范城市群获批后，累计推广了 1.5 万辆燃料电池汽车，建设加氢站 150 座，纯氢行驶里程超 3 亿公里。根据中国汽车工业协会数据，2024 年 1～7 月，全国氢燃料电池汽车实现产量 3673 辆，实现销量 3422 辆，分别同比增长 28%和 25.5%。中国氢燃料电池汽车的应用场景已由前期单一的公交领域商业化示范应用向公交、环卫、城市物流配送、冷链运输、渣土运输等多场景示范应用转变。

质子交换膜燃料电池还可作为船舶、飞机等交通工具的动力源，实现零排放运行，可适用于多种内河船舶，既可作为小型船舶的主动力，也可作为大型船舶的辅助动力。我国前期研制了“富原一号”“天翔 1 号”氢动力实验船，但船型、功率均较小。随着陆上新能源汽车产业的蓬勃发展，氢能和燃料电池技术快速成熟，为我国氢动力船舶提供了良好的发展机遇。2021年下水的"蠡湖号"游艇、"仙湖1号"游船，燃料电池功率分别为70kW、30kW；"绿色珠江号"内河货船、"三峡氢舟1号"公务船，燃料电池功率达到500kW级。

质子交换膜燃料电池也可作为分布式电源，为偏远地区或应急情况提供电力保障，为无人机、潜艇等提供长时间、静音的动力支持。随着技术的不断进步和成本的降低，PEMFC的应用领域将进一步扩大。例如，在住宅和商业领域，PEMFC可作为备用电源或主电源，提高电力供应的可靠性和稳定性。在工业领域，PEMFC可为工厂、矿山等提供清洁、高效的能源解决方案。

上述所用的质子交换膜燃料电池（低温PEMFC），其工作温度一般在60～90℃，由于工作温度较低，因此应用时具有一定的局限性：

① 催化剂敏感性。需要贵金属（如铂）作为催化剂。催化剂昂贵，且在低温情况下，对于一氧化碳、二氧化碳等杂质气体非常敏感，容易老化和中毒。

② 水管理复杂。质子交换膜需要保持水合状态以进行质子传导。水分过多会导致水淹，从而限制反应物流动，降低电池效率。如果水分不足会导致膜干，降低质子膜传导性能，因此，电池运行过程中需要严格控制水含量。

③ 运行温度限制。目前常用质子交换膜为全氟磺酸膜，不能耐受高温。大功率质子交换膜燃料电池运行过程会生成大量热，需要冷却系统来维持膜温度和湿度，增加了燃料电池系统的复杂性和成本，限制了它们在某些环境或便携设备中的实际应用。

④ 燃料灵活性。由于催化剂的敏感性，阳极燃料灵活性有限。如果使用非纯氢燃料（如天然气或液体燃料），需要配置额外的燃料重整系统。

解决以上局限性对于PEMFC的广泛采用至关重要。其中一种解决方案为提高质子交换膜燃料电池的工作温度，即高温PEMFC。高温PEMFC可以耐受较高温度，利用不同的催化剂材料以增强燃料灵活性和电池的耐久性。高温PEMFC的操作温度通常在100℃以上，最新一代的美国Advent Technologies公司的高温质子交换膜能够耐受200℃的高温。

高温PEMFC的优势：

① 工作温度范围广。可在高于100℃的温度下运行，通常在120～200℃或更高范围内，扩宽了PEMFC的工作温度，扩大了PEMFC燃料电池可应用的范围。

② 一氧化碳耐受性好。较高温度下催化剂具有改善的CO耐受性，甚至能够耐受高达3%的CO浓度，允许直接利用碳氢燃料，减少了对高浓度纯氢

的依赖。

③ 水管理难度低。由于较高的操作温度，降低了水淹和膜脱水的风险，降低了水管理难度。

④ 耐久性好和寿命长。较高的操作温度，提高了催化剂活性，同时降低了催化剂降解速率，从而改善了电池的耐久性和寿命。

虽然低温 PEMFC 已经得到广泛的研究和应用，但高温 PEMFC 具有独特的优势，包括改善了催化剂利用率、一氧化碳耐受性、水管理难度和燃料灵活性等，因此其成为研究人员积极探索和开发的燃料电池技术。

1.1.2　碱性燃料电池（AFC）

碱性燃料电池（AFC）是所有燃料电池的原型[37]，采用碱性溶液（如氢氧化钾或氢氧化钠溶液）作为电解质，通过催化剂促进氢气和氧气的反应，不同于质子交换膜燃料电池的反应，碱性燃料电池的半反应如下：

阳极侧：$H_2 + 2OH^- \longrightarrow 2H_2O + 2e^-$

阴极侧：$0.5O_2 + 2e^- + H_2O \longrightarrow 2OH^-$

在阳极侧为氢气与氢氧根反应生成两个水，阴极侧为氧气与水反应生成两个氢氧根。阳极侧反应生成的水如果没有及时排出，会稀释阳极侧电解质的浓度，造成电池性能的衰减。另外，由于碱性燃料电池在工作时整个电池的环境均为碱性的，阴极侧氧还原反应（ORR）的缓慢动力学特征会有明显改善[38]。电池的工作电压可以达到 0.8V 以上，从而获得更高的转换效率。碱性燃料电池具有以下特点：

① 高能量密度。具有较高的能量密度，能够在较宽的温度和压力范围内运行。

② 高效率。由于氢氧电解液所提供的快速动力学效应，碱性燃料电池可获得很高的效率，通常在 50%～55%之间。

③ 成本低。碱性燃料电池中的快速动力学效应使银或镍可用以替代铂作为催化剂，电池本体可以采用耐碱塑料材质，因此碱性燃料电池制作成本较低。

④ 易于热管理。通过循环系统，电解液也用作冷却介质，维持电池工作温度。

⑤ 耐二氧化碳毒化。碱性燃料电池对燃料中的二氧化碳敏感，二氧化碳会与电解液反应生成碳酸根离子，不仅影响溶液中 OH^- 的浓度，而且低溶解

度的 K_2CO_3 容易析出，削弱燃料电池的性能，影响输出功率。

⑥ 存在泄漏风险。氢氧化钾具有高腐蚀性，泄漏可能造成环境污染。同时，循环泵和热交换器的结构复杂，增加了电解液泄漏的风险。

⑦ 需要进行水管理。阳极侧生成的水会降低电解质浓度，需要及时排出。

⑧ 需持续通入新鲜的 KOH 溶液。KOH 浓度会随反应进行而逐渐降低，从而影响电池的性能和效率。为将电解质的浓度维持在最优状态，保障电池的稳定运行，需要持续通入新鲜的 KOH 溶液，也可以减少氢气和氧气中二氧化碳杂质对电池性能产生的影响。

碱性燃料电池因具有高效、环保的特点，是最早应用于航天领域的燃料电池技术，为航天器提供电力和水。另外在军事领域也有广泛的应用，如为无人侦察机、通信设备等提供电力。还可用于分布式发电系统，为医院、学校、数据中心等提供电力。在交通运输方面，虽然 PEMFC 在交通运输领域更为常见，但 AFC 也因其高效、环保的特点而受到关注。

随着全球对环保和可持续发展的重视，碱性燃料电池技术得到了快速发展。未来，碱性燃料电池有望在更多领域发挥重要作用，如与可再生能源如太阳能、风能等相结合，构建高效、环保的能源系统；或将其应用于交通领域，推动氢能汽车的普及和发展。

1.1.3 磷酸燃料电池（PAFC）

磷酸燃料电池（PAFC）是一种以热稳定性、化学稳定性和电化学稳定性都比较高的磷酸为电解质的燃料电池。其电化学反应如下：

阳极侧：$H_2 \longrightarrow 2H^+ + 2e^-$

阴极侧：$0.5O_2 + 2e^- + 2H^+ \longrightarrow H_2O$

在磷酸燃料电池结构中，碳化硅基体内包含高纯度的 H_3PO_4，负责将阳极侧的质子传递到阴极侧。基体两侧涂覆了多孔石墨化的催化剂，阳极侧产生的电子从外电路传递到阴极侧。

磷酸燃料电池的工作温度一般在 150～200℃之间。在早期的 PAFC 系统中，为了避免相关材料的腐蚀，需要将 H_3PO_4 电解质进行一定的稀释。随着技术的发展，现在已经可以使用高浓度的 H_3PO_4。高浓度 H_3PO_4 的使用不仅可以减少电解液的频繁更换，还可以提高电池的性能。

磷酸燃料电池具有以下特点：

① 中温运行。工作温度通常在 150～200℃之间，属于中温型燃料电池。

较高的工作温度提高了电池内部的反应速率，降低了催化剂的活化能，从而提高了电池的整体性能。

② 高效能量转换。能量转换效率通常可达到 40%～50%，部分技术先进的磷酸燃料电池转换效率可接近 60%，这一效率显著超越了传统内燃机，为能源的高效利用提供了坚实的技术支撑。

③ 环境友好。主要排放物为水和二氧化碳，经过水分离可集中捕集二氧化碳。同时，磷酸作为电解质，稳定的离子传导性能可以有效保证电池在高温条件下仍能保持高效运行。

④ 稳定性好。磷酸燃料电池出色的化学稳定性和热稳定性，能够在宽泛的温度范围内稳定运行，提升了设备的可靠性，并拓宽了其应用场景。

⑤ 对杂质耐受性强。与其他类型的燃料电池相比，磷酸燃料电池对燃料中的杂质具有较强的耐受性，这有助于降低燃料预处理的成本和复杂性。

⑥ 成本较高。在酸性环境下，阴极侧氧气发生氧还原的反应动力学比较缓慢。因此，为了减少阴极的极化，提高氧还原的速率，不仅需要贵金属（一般是 Pt 基催化剂），还需要提高反应温度。因此，目前 PAFC 的工作温度一般在 190～210℃。

⑦ 材料易腐蚀。H_3PO_4 属于一种无机酸，对金属材料腐蚀性较强，需要双极板具有一定的耐酸腐蚀性，对双极板材料开发提出了较大的挑战[39]。

磷酸燃料电池因其高效、环保、稳定等特点，在多个领域有着广泛的应用。它也可作为分布式能源系统的一部分，为医院、学校、数据中心等关键设施提供可靠的电力供应。同时，它还可以作为集中供电系统的补充或替代方案，有助于缓解电力供应的压力。在热电联产方面，可以同时产生电能和热能，提高能源的整体利用效率，减少能源浪费。产生的热能可以用于供暖、制冷、干燥等，进一步拓宽了其应用领域。随着技术的不断进步和成本的降低，磷酸燃料电池在电动汽车、船舶等交通领域的应用也日益广泛。它为绿色出行注入了新的动力，有助于推动交通行业的节能减排和可持续发展。

虽然磷酸燃料电池具有诸多优势，但要实现其更广泛的应用和商业化发展，还需要克服一些技术挑战：

① 降低成本。目前，磷酸燃料电池的成本仍然相对较高，这主要归因于昂贵的催化剂和复杂的制造工艺。未来，需要通过研发新型催化剂、优化生产工艺等方式来降低成本，提高磷酸燃料电池的市场竞争力。

② 提高性能。性能需要进一步提高，包括提高能量密度、延长使用寿命等。这有助于提升磷酸燃料电池的发电效率和可靠性，满足更多应用场景的

需求。

③ 完善氢能产业链。磷酸燃料电池的广泛应用需要完善的氢能产业链支持。未来，需要进一步加强氢能的生产、储存、运输以及加注等环节的技术研发和产业布局，为磷酸燃料电池的广泛应用提供有力保障。

1.1.4 熔融碳酸盐燃料电池（MCFC）

熔融碳酸盐燃料电池（MCFC）是一种以熔融态碳酸盐为电解质的高温燃料电池，通常在600～700℃的高温下工作。由多孔陶瓷阴极、多孔陶瓷电解质隔膜、多孔金属阳极以及金属极板构成。阳极和阴极的半反应如下：

阳极侧：$H_2+CO_3^{2-} \longrightarrow CO_2+H_2O+2e^-$

阴极侧：$0.5O_2+CO_2+2e^- \longrightarrow CO_3^{2-}$

在阳极侧，H_2 与 CO_3^{2-} 反应生成 CO_2 和 H_2O，同时释放出电子。在阴极侧，O_2 与 CO_2 以及从外电路传递过来的 2 个电子反应生成 CO_3^{2-}[40,41]，电子通过外部电路流动，形成电流，实现向外部供电。MCFC 的电极是电化学反应的场所，需要具备两个基本条件：一是能够加速电化学反应，二是具备耐熔融盐腐蚀的能力，常用 Ni 基材料作为电极材料。阳极材料通常由 Ni 和 Cr 的合金组成，阴极是由 Li 化的 Ni 氧化物组成[42-44]。Ni 的主要作用是提供催化活性和较高的导电性，Cr 可以提高电极的孔隙率，增大电极的比表面积，这有利于反应气体的扩散，提高催化剂的利用率，获得更好的电池性能。传统的 MCFC 阴极材料主要是 NiO，然而，NiO 电极在 MCFC 工作过程中会缓慢溶解，同时还会被从隔膜渗透过来的氢还原而导致电池短路，降低电池的寿命和性能，因此，可以通过 Li 化提高阴极材料的长期稳定性。作为 MCFC 的核心部件，隔膜[45] 需要具有较高的机械强度，耐高温熔融盐腐蚀的能力，较强的气体阻隔性以及良好的离子电导能力。目前电解质材料大部分是固定在 $LiOAlO_2$ 基体上的碱性碳酸盐[46]。双极板一般是由具有耐腐蚀性的不锈钢或者是 Ni 基合金加工制备而成。这些金属在高温、熔融碳酸盐存在的环境下，会受到严重的腐蚀。特别是当金属材料的表面存在膜状的熔融盐时，还会受到周围气体环境的影响，产生严重的腐蚀，导致其导电性降低，电池内阻会大幅度提升，严重劣化电池输出的电能。为提高电池耐久性，可以对双极板的表面进行处理，如涂覆耐腐蚀涂层或合金化处理，以提高其耐腐蚀性；另外可以改进电池设计，减少双极板与电解质的直接接触面积，降低腐蚀风险。

MCFC 相对较高的运行温度（650℃）为燃料电池的燃料选择提供了更高

的可能性。MCFC 阳极侧的燃料可以使用纯度较低的 H_2，CO 不会对 MCFC 产生毒化作用，反而可以作为一种燃料。在电化学反应过程中，CO_3^{2-} 是电荷移动的载体，在阳极生成 CO_3^{2-}，在阴极会消耗 CO_3^{2-}，因此必须及时地把阳极产生的 CO_3^{2-} 排出。将阳极尾气通入燃烧炉中燃烧，生成的 CO_2 和 H_2O 与新鲜的空气混合后进入阴极侧，实现阳极尾气的循环利用[47]。阳极尾气在燃烧炉内燃烧时释放的热量可以作为热源提高燃料电池的温度，同时也提高了 MCFC 的效率[48]。MCFC 高温工作的特点可以实现热、电联供，其综合效率可以达到 80%～90%[49]。

熔融碳酸盐燃料电池的特点包括以下：

① 工作温度高。熔融碳酸盐燃料电池的工作温度较高，这有助于提高其能量转换效率。

② 噪声低、无污染。工作过程中噪声低，且主要排放物为二氧化碳和水，相对环保。

③ 燃料多样化。可以使用氢气、煤气、天然气和生物燃料等多种燃料，具有广泛的适用性。

④ 余热利用价值高。由于工作温度高，熔融碳酸盐燃料电池的余热可以被有效利用，进一步提高能源利用效率。

⑤ 电池构造材料价廉。熔融碳酸盐燃料电池的制造材料相对便宜，有助于降低其生产成本。

熔融碳酸盐燃料电池主要应用于分散型或中心电站发电设备。由于其具有高效率、低噪声、无污染以及燃料多样化等特点，被认为是未来绿色电站的重要发展方向之一。此外，熔融碳酸盐燃料电池的余热还可以用于供暖、制冷等领域，进一步提高其能源利用效率。尽管熔融碳酸盐燃料电池具有诸多优势，但要实现其更广泛的应用和商业化发展，还需要克服一些技术挑战。例如，如何进一步提高其能量转化效率、延长使用寿命、降低成本等。

1.1.5　固体氧化物燃料电池（SOFC）

近年来，全球各国对于碳中和、无碳社会目标达成的追求逐渐迫切，人们对于发电效率和电力安全方面的需求也随着能源形势的日益严峻与日俱增。SOFC 是一种以固态氧离子导体作为电解质的高效率能量转换装置，可实现燃料化学能到电能的直接转化，不受卡诺循环限制，是目前最前沿也是技术难度最高的一代燃料电池，世界上发达国家普遍把它作为一种战略储备技术[50]。

SOFC 内部主要由阴极、阳极和电解质组成，其中固态氧化物电解质将电池分隔为阳极和阴极，阳极侧通入燃料气体，阴极侧通入空气。空气进入阴极侧后，氧原子在阴极/电解质界面得到电子被还原为 O^{2-}，然后这些氧离子通过电解质传输至阳极侧，与阳极侧燃料气体中可燃组分（如氢气）反应，生成水和电子，电池内部生成的电子通过外电路输送至用电设备，形成电回路。在电池内部发生的电化学反应如图 1.2 所示[51]。

阴极侧：$O_2+4e^- \longrightarrow 2O^{2-}$

阳极侧：$2H_2+2O^{2-} \longrightarrow 2H_2O+4e^-$

整个反应的化学方程式为：$2H_2+O_2 \longrightarrow 2H_2O$

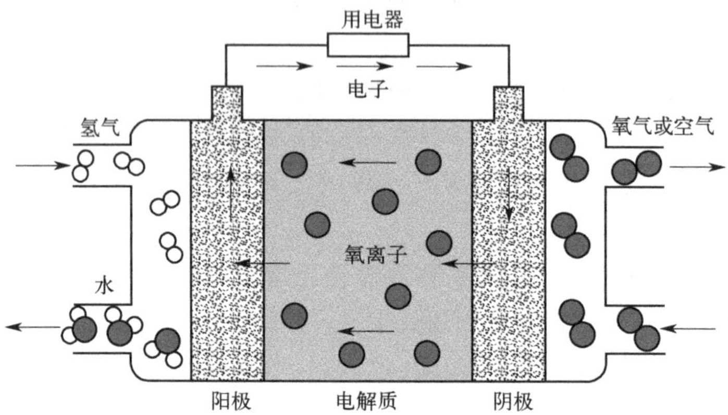

图 1.2　SOFC 工作原理示意

SOFC 中组件全部由固体材料组成，主要由阳极、电解质、封接材料、阴极和连接体构成。其固体电解质通常采用致密的氧化钇稳定氧化锆[52]，工作温度在 600～1000℃，被认为是最高效的燃料电池之一[53]。

相对于其他燃料电池，SOFC 具有以下特性：

① 燃料多样性。SOFC 内金属电极材料可以使用非贵金属材料，这样可以避免 CO 对电极的毒化。因此与其他燃料电池相比，SOFC 可以使用多种燃料作为阳极气体，例如氢气、天然气、一氧化碳以及其他碳氢化合物[54]。

② 安全性好。电解质为固体形态，无须考虑液态电解质泄漏问题。

③ 噪声低。燃料电池内无动部件，运行过程噪声低。

④ 环境友好。反应后尾气经除水可得到高浓度 CO_2 气体，易于尾气捕集处理，对环境友好无污染。

⑤ 能量转换率高。其能量转换效率高于 60%。

⑥ 启停时间长。由于工作温度较高，为保证高温区域设备安全性，需要控制温度变化速率，因此启停时间较长[55]。

这些特性使得 SOFC 在洁净新能源发电领域具有巨大的潜力和应用前景，也是 IGFC 系统中燃料电池的最佳候选者[56-58]。

（1）SOFC 阳极材料

SOFC 阳极的主要作用是催化燃料的电化学氧化，需要满足一系列严格的要求，以确保电池的高效、稳定运行。这些要求包括：

① 良好的催化活性。需要有效地催化燃料的氧化反应，从而提高电池的输出功率。

② 良好的离子电导性与电子电导性。需要具备良好的离子和电子传导能力，以确保电池内部的电流传输顺畅。

③ 高温稳定性。SOFC 通常在高温下运行，因此阳极材料需要在高温下保持结构稳定，不发生相变或分解。

④ 化学稳定性。需要具有良好的化学稳定性，以抵抗燃料和电池运行环境中的化学腐蚀。

⑤ 与电解质材料的热膨胀系数匹配。为避免电池在高温下因热膨胀应力而开裂，阳极材料的热膨胀系数需要与电解质材料相匹配。

⑥ 合适的孔隙率。需要具有合适的孔隙率，以提供充足的气体传输通道和反应界面。

常见的阳极材料包括 Ni 基阳极材料、Cu 基阳极材料和钙钛矿结构阳极材料。Ni 基阳极材料具有高电化学催化活性、高离子电导率和电子电导率以及优越的高温稳定性，且金属镍的价格相对较低等优点，是一种具有较高竞争力的阳极材料；然而，当以碳氢化合物为燃料时，由于金属镍的催化作用，Ni 基阳极材料容易出现积碳问题，堵塞燃料扩散的通道，减少阳极表面催化活性位置，降低反应活性，影响电池稳定性。为解决 Ni 基阳极材料积碳问题，研究者们对 Ni 基阳极材料进行了改性研究，如添加电解质相制成 Ni/电解质金属陶瓷阳极材料，或开发其他抗积碳阳极材料。Cu 基阳极材料对 C—H 键催化活性较低，能够有效缓解碳沉积现象，但是 Cu 基陶瓷阳极材料对硫中毒和水蒸气氧化现象以及抗热震性问题并无缓解。钙钛矿结构阳极材料具有稳定的结构和高离子电导性等，通过在 A 位与 B 位掺杂制备材料性质不同的阳离子，可以匹配电解质材料高离子电导与低电子电导的需求，$LaGaO_3$ 基材料是研究最多的钙钛矿结构电解质材料之一。

为提高 SOFC 阳极材料的性能和稳定性，研究者们进行了大量的改性研究工作。这些工作主要包括：

① 阳极材料成分调整。通过调整阳极材料的成分，如添加助剂和载体等，可以改变阳极材料的催化活性和抗积碳性能。

② 阳极材料结构优化。通过优化阳极材料的结构，如制备多孔阳极或复合阳极等，可以提高阳极材料的反应活性和气体传输能力。

③ 工作条件优化。通过优化 SOFC 的工作条件，如提高水碳比、适当增加燃料中 H_2 和 CO_2 含量、提高电池工作时的电流密度以及合理选择工作温度等，也可以在一定程度上抑制阳极积碳并提高电池性能。

（2）SOFC 阴极材料

阴极材料在 SOFC 电池性能中扮演着至关重要的角色，需要具备以下基本要求：

① 高的电导率。阴极材料需要具有良好的电子电导率，以确保电池内部的电流传输顺畅。

② 高温抗氧化性。由于 SOFC 通常在高温下运行，阴极材料需要具有良好的高温抗氧化性，以抵抗氧化气氛的腐蚀。

③ 高温热稳定性。阴极材料需要在高温下保持结构稳定，不发生相变或分解。

④ 催化活性。阴极材料需要具有一定的催化活性，以促进氧气的还原反应。

⑤ 化学稳定性。阴极材料需要具有良好的化学稳定性，以抵抗电池运行环境中的化学腐蚀。

⑥ 与电解质的相容性。阴极材料需要与电解质材料具有良好的相容性，以避免在电池运行过程中发生化学反应。

常见的阴极材料包括钙钛矿型氧化物和掺杂氧化物陶瓷。钙钛矿型氧化物是目前最常用的 SOFC 阴极材料之一，其结构稳定，具有较高的电导率和催化活性。常见的钙钛矿型阴极材料包括 $LaMnO_3$、$La_{1-x}Sr_xMnO_3$（LSM）等。其中 LSM 材料因具有较高的电导率和良好的催化活性而被广泛应用。近年来，研究者们通过掺杂其他元素或制备复合阴极材料等方式，进一步提高了钙钛矿型阴极材料的性能。掺杂氧化物陶瓷通常具有较高的离子电导率和电子电导率以及良好的催化活性。常见的掺杂氧化物陶瓷阴极材料包括

$SrCo_{0.8}Fe_{0.2}O_{3-\delta}$（SCF）等。

为提高 SOFC 阴极材料的性能和稳定性，研究者们进行了大量的改性研究工作。这些工作主要包括：

① 元素掺杂。通过向阴极材料中掺杂其他元素，可以改变其晶体结构和电子结构，从而提高其电导率和催化活性。

② 制备复合阴极材料。将两种或多种阴极材料复合在一起，可以形成具有优异性能的复合阴极材料。这种复合阴极材料通常具有较高的电导率、良好的催化活性和较高的稳定性。

③ 优化阴极微结构。通过优化阴极材料的微结构，如提高孔隙率、增加反应界面等，可以提高其催化活性和气体传输能力。

SOFC 阴极材料的选择和改性研究对于提高电池的性能和稳定性具有重要意义。未来随着材料科学和电池技术的不断发展，相信会有更多高性能、高稳定性的阴极材料被开发出来并应用于 SOFC 中。

（3）SOFC 电解质

在 SOFC 中，电解质的主要作用是隔离阴极和阳极，将载流子（如氧离子）从一侧传递到另外一侧，同时要阻断电子在电解质内部传导，避免电池短路。因此，电解质材料需要满足以下要求：

① 高的离子导电性。需要具有高的氧离子导电性，以确保电池的高效运行。

② 低的电子导电性。为避免电池短路，电解质应尽可能具有低的电子导电性。

③ 良好的稳定性。在还原和氧化气氛中，电解质均需保持良好的物理化学和结构稳定性。

目前，SOFC 电解质材料主要分为氧离子导体电解质和质子导体电解质两种形式。其中，氧离子导体电解质是应用最广泛的类型。氧离子导体电解质主要为萤石结构氧化物和钙钛矿结构氧化物。萤石结构氧化物包括 ZrO_2 基、CeO_2 基及 δ-Bi_2O_3 基电解质材料。其中，ZrO_2 基电解质通过掺杂适量的低价氧化物（如 Y_2O_3、Sc_2O_3 等）可形成结构稳定的固溶体，常用的有 8YSZ（即摩尔分数 8% Y_2O_3 稳定的 ZrO_2）。CeO_2 基电解质则非常适合于中低温 SOFC（500～700℃）。钙钛矿结构氧化物如 $LaGaO_3$ 基电解质，由 Feng 等[59] 最先用于 SOFC。质子导体电解质的传导介质为质子（即氢离子）。在工作过程中，燃料气经阳极催化后解离为质子和电子，质子和电子分别经由质子导体电解质和外电路到达阴极，质子与阴极一侧的氧离子反应生成水，从而实现对外供电。制备高性能的电解质材料是提升 SOFC 性能的关键。目前，常用的制备方法包括烧结法、溶胶-凝胶法、电泳沉积法等。其中，电泳沉积法因成本低、制备速度快等优势，极具大规模商业化生产电解质薄膜的潜力。为了进一步优化电解质材料的性能，研究者们还在不断探索新的掺杂元素和制备工艺。例如，通过掺杂不同的金属或金属氧化物来提高电解质的离子电导率；通过优化制备工艺来提高电解质的致密度和稳定性等。

作为 SOFC 常用的氧离子导体电解质，氧化钇部分稳定的二氧化锆（YSZ）具有较好的高温稳定性和高温电导率以及低成本等优点，但低温导电率差导致 SOFC 电池工作温度高，因此需要 SOFC 保持在高温下运行，同时要求电池内部其他部件具有耐受较高温度的能力，引起电池成本较高。为延长 SOFC 使用寿命、减少启停时间，科研人员开展大量工作研发中、低温 SOFC 电池[55,60,61]。

电解质在 SOFC 中起着至关重要的作用。然而，目前电解质材料仍面临一些挑战。例如，在高温下电解质的离子电导率可能会降低，电解质的稳定性需要进一步提高以应对长期运行过程中的各种环境变化以及如何制备出更薄、更均匀的电解质薄膜以提高电池的输出功率和稳定性等。

（4） SOFC 分类

SOFC 根据不同的分类标准，可以有以下几种类型：

① 按电解质传导离子种类分类。

氧离子导体 SOFC：这是目前被广泛研究和应用的一种 SOFC。在这种燃料电池中，电解质采用固体氧化物氧离子（O^{2-}）导体，起传递 O^{2-} 及分离空气和燃料的双重作用。

质子导体 SOFC：虽然质子导体 SOFC 在研究和应用上相对较少，但它也代表了 SOFC 技术的一种可能性。

② 按运行温度分类。

中温型 SOFC（IT-SOFC）：通常在 600～800℃下运行。这种 SOFC 具有适中的运行温度，有利于降低材料成本和延长电池寿命。

高温型 SOFC（HT-SOFC）：可在 800℃以上的高温下运行。高温型 SOFC 具有更高的能量转换效率和更广泛的燃料适应性，但也需要更高的材料成本和更复杂的热管理系统。

1.2 IGFC 发电系统

我国富煤贫油少气的能源特点，使得以煤为主的能源结构短期内难以根本改变。但是，燃煤发电或供热时单位发热量的二氧化碳（CO_2）排放量大，必须通过技术革新降低碳排放[28]。IGFC 发电技术可以大幅提升发电效率，有效降低 CO_2 排放[62]。IGFC 发电系统以煤气化产生的气体作为燃料，通过燃料电池将燃料化学能直接转化为电能，突破卡诺循环对转化效率的限制，实现发电效率的显著提高，其净发电效率可以达到 56%～58%[63]。

将煤气化、净化、发电等多个环节集成在一起，IGFC 系统不仅可以有效地控制煤气化过程中污染物排放，如硫氧化物、氮氧化物和颗粒物等，有助于减少酸雨和温室气体排放，而且易于实现尾气 CO_2 捕集，有助于减少二氧化碳的排放，为应对全球气候变化提供了解决方案。IGFC 技术在降低能耗基础上可以实现高效热电联供，根据美国能源部（Department of Energy，DOE）研究结果[64,65]，IGFC 系统大规模应用后，在系统效率、投资、水耗、发电成本等方面具有明显优势，与带 CO_2 捕集的常规热力循环（Power Cycle，PC）电站、IGCC 电站相比，净效率可提高 20 个百分点以上，投资降低 40%左右，度电水耗下降 80%以上（表 1.1）[66]。

表 1.1 带 CO_2 捕集燃煤电厂性能指标比较

名称	PC(常规)	IGCC	IGFC(常压)	IGFC(加压)
净效率/%HHV	28.4	32.6	51.1	57.0
投资/(美元/kW)	3570	3330	2150	2100
水耗/[G/(min·MW)]	10.7	18.3	2.5	1.8
度电成本/[美元/(kW·h)]	0.150	0.151	0.108	0.103

注：1G（加仑）=0.00379m^3。

IGFC 发电系统主要包括煤气化、合成气脱硫、高温燃料电池发电、尾气纯氧燃烧、余热回收等过程[64]，流程如图 1.3 所示[66]，系统主要分为燃料气体处理部分、发电部分以及尾气处理部分。煤粉经过纯氧气化后生成合成气（主要成分是 CO、H_2、CO_2、CH_4），经热量回收后的气体进入净化设备，脱除气体中硫和粉尘，得到净化后合成气，净化的合成气经过水汽变换分离出 CO_2，得到高纯度 H_2（或不经过变换分离过程），然后预热与水蒸气（或不加入水蒸气）混合；预热的燃料气体输送到高温燃料电池阳极，在阳极催化剂作用下发生电化学反应，反应产生的电子由外部导电部件传输至电处理设备，大部分燃料参与电化学反应生成电和热，未参与反应的燃料气体随电池阳极尾气排出，在燃烧器内进行富氧催化燃烧，燃料中可燃组分全部转化为 CO_2 和 H_2O，燃烧反应后的尾气经过热量回收排出液态水后，得到 CO_2 纯度 95%以上的气体，达到直接封存的浓度要求。

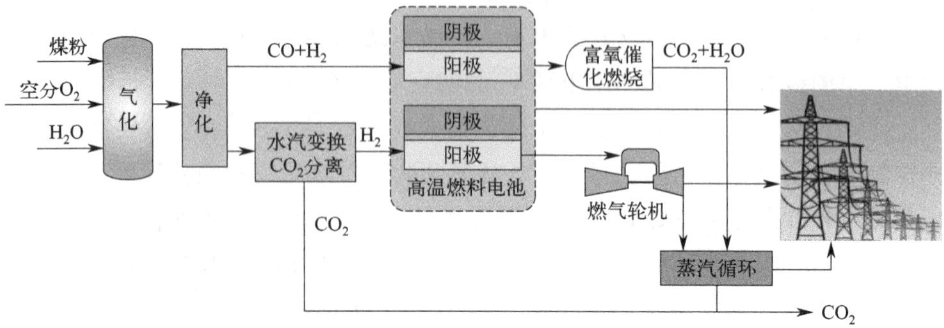

图 1.3　IGFC 系统流程示意图

系统中高温燃料电池发电后的尾气热值低，常规方法难以稳定燃烧，张静思等[67]和李嘉瑞等[68]研究了 SOFC 尾气在多孔介质和金属纤维燃烧器中的燃烧特性，实现了稳定燃烧。IGFC 系统中高温燃料电池发电时燃料气与空气不混合，可在发电过程中实现 CO_2 富集，为进一步富集 CO_2，发电尾气通常采用纯氧燃烧。季明彬等[69]研究了 100W 级 SOFC 尾气纯氧催化燃烧特性；WANG 等[70]研究了 10kW 级 SOFC 尾气纯氧直接燃烧特性，表明发电尾气经纯氧燃烧后 CO_2 体积分数可达 90%以上，为 CO_2 直接捕集及后续贮存利用提供了条件。

高温燃料电池技术是制约 IGFC 发展的关键，高温燃料电池包括熔融碳酸盐燃料电池（MCFC）和固体氧化物燃料电池（SOFC）两种。SOFC 具有发电效率高、燃料适应性强、高温余热可回收等优点，在大型发电、分布式发电及热电联供等领域具有广阔的应用前景，是最前沿的燃料电池技术[71]。

1.3　IGFC 系统集成技术发展现状

IGFC 可实现煤基发电由物理发电向化学发电的技术跨越，可大幅提高煤炭发电效率，降低 CO_2 捕集成本，是煤炭发电的根本性变革技术，美日欧长期投入大量资金进行研发，但长期以来对我国进行技术封锁。近年来，IGFC 技术在国内也受到了关注，《中国战略性新兴产业发展报告》、《能源技术革命创新行动计划（2016—2030 年）》和《“十三五”电力发展规划》均将 IGFC 列为战略性能源新技术。

1.3.1 SOFC 发电技术发展现状

SOFC 最常见的应用领域为分布式固定式发电，包括小型家庭热电联供系统、数据中心备用电源以及工业用大型固定式发电站等，供电同时产生的余热可以回收利用，实现热电联供，综合效率可达到 85%以上[72]。越来越多的企业（如苹果、谷歌、微软等）开始使用分布式 SOFC 综合发电系统作为其总部基地或者下属核心机构的供电设施。2017 年 5 月苹果公司建成的总部大楼 Apple Park 总体建筑面积为 97 万平方米，配备了由 17MW 太阳能和 4MW SOFC 发电系统组成的独立微电网系统（苹果公司在美国已累计装配超 10MW SOFC 发电系统）[73]。其中分布式 SOFC 发电系统由 Bloom Energy（BE）公司提供，设备采用紧凑的立方形箱体结构，空间占用面积仅有太阳能发电系统的 1/125，成功引领并重构了用户侧能源供给的新模式[74]。

另外，SOFC 作为辅助或动力电源在车辆、轮船、无人机等领域也有推广应用。2016 年日产汽车发布了世界上首款以固体氧化物燃料电池动力系统驱动的燃料电池原型车。2020 年 Bloom Energy（BE）公司与三星重工业株式会社签署了一项联合研发协议，共同设计和开发以固体氧化物燃料电池为动力的燃料电池船。

国外 SOFC 的应用技术研究起步相对较早，但因 SOFC 开发成本和使用成本较高，现在能够大规模量产的企业很少。美国、欧洲、日本等发达国家和地区在固体氧化物燃料电池技术方面处于领先地位，经过几十年的技术研发和攻关，已基本实现了 SOFC 技术的商业化运行，发展出多家具有特色的 SOFC 企业，如布鲁姆能源（Bloom Energy，BE）、燃料电池能源（Fuel Cell Energy，FCE）、三菱重工（Mitsubishi Heavy Industries，MHI）、锡里斯（Ceres）等[75]。美国是世界上最早开始研发固体氧化物燃料电池的国家，SOFC 企业商业化最为成功。2001 年成立的 Bloom Energy 是目前固体氧化物燃料电池领域技术力量最强的公司，已经发展成为全球最大的 SOFC 公司，公司最主要的产品 Bloom Energy Server，现已更新至第五代，并已将 300kW 系统正式投入市场，发电效率高达 65%（LHV）。截至 2020 年，该公司已累计投放 350MW 的 SOFC 产品，其中将近半数投放于加利福尼亚州，为银行和金融服务、数据中心、政府、酒店、物流等各个行业提供安全可靠的供电服务。Fuel Cell Energy 公司也积极进行固体氧化物燃料电池研发布局，开发的 50kW SOFC 发电系统发电效率为 55%；GE 公司开发的 50kW SOFC 发电系统通过了 500h 测试。英国 Ceres Power 是新一代、低成本金属支撑燃料电池技术的领导者，致力于开发使用不锈钢的低温 SOFC，其特有的 Steel Cell TM 技术已持续研究开发近 16 年；2019 年，Ceres Power 宣布成功开发了首个专为氢燃料电池设计的零排放热电联产系统，目前其产品覆盖住宅、数据中心、商业发电和汽车四个应用领域。爱沙尼亚的 Elcogen 成立于 2001 年，具有先进的陶瓷阳极支撑、低温固体氧化物燃料电池制造技术，其生产的电池片和电堆性能处于国际领先水平，目前已经商业化。芬兰的 Convion 公司成立于 2012 年，主要基于固体氧化物燃料电池技术开发用于分布式发电和工业自发电的燃料电池系统，其开发的 C60 产品可将天然气或沼气作为原料，输出功率 60kW，发电效率达到 60%，总的能量效率达到 83%。日本自然资源极度匮乏，90%以上依赖进口的化石能源，因此日本政府高度重视分布式能源的发展。在新能源产业技术综合开发机构（NEDO）的领导下，固体氧化物燃料电池规划主要包括家用型（千瓦级）以及电厂型（兆瓦级及以上）等。日本家庭用固定式小型热电联产装置已经做到初步商业化。通过 Ene-Farm 项目在建筑中使用微型热电联产系统，截至 2023 年底，已有 503276 台装置投入运行。爱信精机（Aisin Seiki）、大阪燃气（Osaka Gas）、京瓷（Kyocera Corporation）等多家企业均不同程度地参与了 SOFC 重点技术开发和工业验证等工作。而目前技术最为先进、产品最为成熟的 SOFC 分布式发电系统集成商则出自三菱重工集团（MHI）。三菱重工（MHI）于 1984 年开始开发 SOFC 技术，从 20 世纪 90 年代开始针对煤炭高效利用，进行大规模固体氧化物燃料电池发电系统研究。2001 年，三菱重工与电力开发株式会社共同成功开发了 10kW 级的加压管式 SOFC 发电系统，该系统以天然气为燃料，采用内部重整方式，连续工作超过 755h。2013 年，日本三菱与日立集团合资成立的电力公司研发出 250kW 级固体氧化物燃料电池（SOFC）混合发电系统（图 1.4），一次发电效率高达 53.6%（LHV），相较传统发电方式减少了约 47%的碳排放[76]。目前，新能源产业技术综合开发机构（NEDO）与大崎电业社 2017 年合作开展 IGFC 验证项目，第三阶段验证试验已于 2022 年 4 月 18 日开始测试，将 2×600kW 固体氧化物燃料电池集成至 IGFC 设施，以验证两个 SOFC 模块并行运行的可操作性。

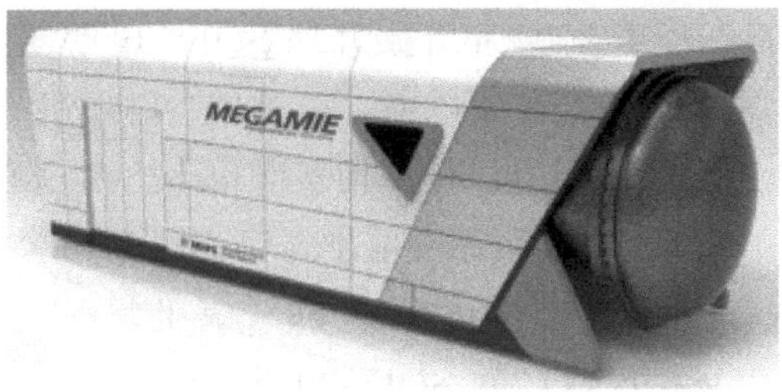

图 1.4　三菱与日立生产的 SOFC 混合发电系统

从 20 世纪末，我国就已经开始研究和探索 SOFC，20 世纪 70 年代由中国科学院上海硅酸盐研究所开始了 SOFC 电极与电解质材料的探索研究工作。直到“八五”计划时期，SOFC 的全面研发工作才正式展开。伴随着相关领域国家重点基础研究发展计划（973 计划）、国家高技术研究发展计划（863 计划）及国家自然科学基金项目的落地，我国对 SOFC 设计的基础科学问题、技术工程问题等也完成了一定的研究。中国科学技术大学、哈尔滨工业大学、清华大学、西安交通大学等国内高校分别在电解质支撑、阳极支撑、金属支撑等电池材料方面开展了基础研究工作。在科技部、发改委以及地方政府等部门的资助下，高校以及科研院所对 SOFC 的关键材料、合成工艺、单电池的制备以及电池组的组装和集成等问题进行重点研究，但在 SOFC 关键技术和系统集成方面与发达国家尚有较大差距。目前，清华大学、哈尔滨工业大学、中国矿业大学（北京）以及中国科学院上海硅酸盐所等在国内处于领先位置。中国科学院大连化学物理研究所、中国科学院宁波材料技术与工程研究所、华中科技大学和中国科学院上海硅酸盐研究所等开展了 5kW SOFC 系统和 25kW 电池堆项目的研发。中国矿业大学（北京）对 SOFC 中关键材料设计及荷电传导机制、界面演变、电极反应动力学及一体化电池设计中多尺度多场耦合性能演化等开展了基础理论研究，开发了千瓦级电池堆。采用人工神经网络映射逻辑搭建了一种新型物理全维模型模拟电堆的多物理场和多维特性，该模型对单电池及 30 片电池的电堆进行试验验证，模型稳健且快速。模型实现了 SOFC 堆的全三维多物理和多维动态模拟，综合了多场的电化学反应、气体传输和化学反应的动力学行为，为电堆的放大提供了理论支撑[77]。随着技术理论的成熟，企业也开始布局相关产业，目前从事 SOFC 电堆研发的公司主要有潮州三环、苏州华清、宁波索福人、武汉华科福赛、潍柴动力、氢邦科技等。

我国最早研发生产 SOFC 的是潮州三环（集团）股份有限公司（下称“潮州三环”）。潮州三环于 2004 年开始开展 SOFC 电解质隔膜开发和生产业务；2012 年开始批量生产 SOFC 单电池，是美国 BE 公司的主要供货商之一；2015 年收购澳大利亚 CFCL 公司，获得其电堆和小功率 SOFC 系统技术基础；2016 年潮州三环已开发出 1.5kW 标准电堆，可通过简单串并联方式，组装成更大功率的电堆或模组，电堆发电效率 68%以上，预计寿命可达到 5 年；2017 年开始向国内市场推出量产的 SOFC 电堆；2022 年，三环集团和广东能源集团研发的以天然气为原料的国内首个百千瓦级 SOFC 发电项目投入运行，系统发电功率达 210kW（单机功率 35kW），设备连续稳定运行时间超过 1000h 之后，经国际权威第三方认证机构 SGS 现场检测，设备交流发电净效率高达 64.1%，热电联供效率高达 91.2%，无 NO_x、SO_x 等尾气排放，主要性能指标达到国际先进水平。宁波索福人能源技术有限公司创立于 2014 年，该公司提供从粉末、电池、电堆到系统的整个产品链，主要产品有 30 单元电堆（700W 和 2kW）、60 单元电堆（1500W）等。2022 年 1 月，研制的 25kW 固体氧化物燃料电池发电系统顺利运行[23]。潍柴动力作为国内领先的发动机厂商，于 2018 年 5 月以 4000 余万英镑收购英国固体氧化物燃料电池开发商 Ceres Power 20%股权，并与其在潍坊成立合资公司，在固态氧化物燃料电池领域展开全面合作，产销燃料电池系统、电堆和电池片，应用于客车、卡车和特定发电市场。2022 年，潍柴动力首套 30kW 天然气 SOFC 热电联供系统投入运行。

浙江氢邦（H2-Bank）科技有限公司是由中国科学院宁波材料所在 2019 年孵化的公司，该公司主要从事氢能与燃料电池核心技术 SOC 电堆设计与研发，所自主研发的平管结构大面积单电池有效面积超过 $250cm^2$，单片电池输出功率超过百瓦，目前已经实现了千瓦级电堆的研制和小批量的制造，正在进行 5kW 电堆的开发，后续还将推出 10～25kW 电堆产品，同时基于电堆核心技术联合产业链下游客户开展应用示范。

苏州华清京昆新能源科技有限公司创建于 2010 年，是一家致力于 SOFC 技术产业开发的国家高新技术企业，承担了包括国家“973”计划、重点研发计划以及省部级项目在内的多项科研任务。2018 年成立的徐州华清京昆新能源科技有限公司，完成了 SOFC 相关产业链的建设工作，并已建成了产能 20 万片单电池的自动化生产线。

传统SOFC配件材料需要具备耐高温稳定性，价格昂贵。研究表明当SOFC工作温度降低到中等范围（600～800℃）时，可以降低其材料成本，避免电池退化[78]。因此，降低SOFC的工作温度是降低发电系统成本的有效手段。2023年潍柴动力全球首发了首款大功率金属支撑商业化SOFC电堆，以天然气为原料，系统发电功率达120kW（单机功率30kW），发电效率超60%。相比于传统的电解质支撑和阳极支撑技术，具有运行温度低、抗热冲击能力强的突出优势，特别是实现了从高温800℃到600℃技术难关的突破，其热电联供系统可启停次数是国际竞品的4倍以上，启动速度是国际竞品的3倍以上，达到了国际领先水平，标志着国内SOFC技术的新突破。

1.3.2 IGFC系统集成研究进展

1.3.2.1 国外进展

自IGFC系统被提出以来即受到世界的广泛关注，美国、日本以及欧洲国家和地区均积极布局探索IGFC技术的发展潜力和市场应用前景，先后投入了大量资金用于相关技术的研发和应用示范[79]，韩国、澳大利亚等也开展了部分工作。

1999年，美国能源部成立了固态能源转化联盟（SECA），旨在开发百兆瓦级IGFC系统[80]。2003年，美国肯塔基先进能源公司与燃料电池能源（Fuel Cell Energy）公司合作，在沃巴什河IGCC电站示范2MW IGFC发电系统，验证了IGFC技术的可行性。美国“FutureGen”项目中固体氧化物燃料电池（SOFC）与燃气轮机的300kW级工程示范装置已连续运行超过十年，发电效率已达到58%，热电联供后达到88%以上[81]。2005年，美国能源部出资8300万美元委托美国GE公司开发以煤炭为燃料的集成SOFC/燃气轮机联合发电系统，该系统设计了分别采用SOFC、MCFC作为发电单元，阳极尾气循环及直接排放4种方案。研究对比表明，4种方案中，采用加压SOFC与阳极尾气循环联合利用的系统，整体发电效率最高。系统整体设计效率达61.5%，但CO_2后续捕集及封存将消耗一定能量，因此系统整体设计效率修正为58.4%。2016年，美国国家能源技术实验室（NETL）发布基于SOFC技术的研究进展及规划，于2025年和2030年建成10MW和50MW IGFC（含CO_2捕集）示范系统[82,83]。

日本新能源产业技术发展组织（NEDO）长期持续投入巨资进行IGFC技术研发和应用示范。1992年，日本基于美国西屋（Westing House）公司的

SOFC 技术开展了 IGFC 系统的可行性评价研究。该系统设计有高温气体净化系统等辅助单元，设计研究结果表明 300MW 级系统的发电效率接近 47%[84]。1995 年，在 METI（经济、贸易和工业部）和 NEDO（新能源和工业技术发展组织）资助下，依托洁净煤技术的技术储备，日本开展了煤炭能源“EAGLE”项目，开始了 IGFC 的系统设计研究。1996 年和 1997 年，分别进行了基本设计和详细设计，1998 年 8 月在 Wakamatsu 建设了中试线，系统的设计发电效率为 53.3%[85]。随后日本开展了 Super-IGFC 项目的设计研究工作，该系统煤的气化采用蒸汽气化炉，发电模块采用 SOFC，电池发电过程中产生的热和蒸汽直接供给气化炉，系统更加简化，不设蒸汽轮机和燃气轮机，预估热电联供的总效率可达 89%[86,87]。

日本政府于 2003 年制定了微型燃料电池的研究计划，而主要用于小型发电厂的 SOFC 则是日本燃料电池发展的另一个重要方向，并在家庭用户中得到推广应用[88]。2015 年宣布了为期 10 年的 IGFC 发展计划，目标是到 2025 年 IGFC 发电效率达到 55%。日本新能源产业技术综合开发机构（NEDO）与大崎发电公司合作开展 IGFC 验证项目，该项目第一阶段于 2017 年启动，实现了 170MW 规模 IGCC 示范，最高效率 40.8%；2019 年开始第二阶段验证试验，建设了世界首座煤气化燃料电池联合循环发电厂及二氧化碳捕集回收系统并投入运营[89]。该项目主要用于验证煤气化气体在燃料电池中的适用性，以实现最佳的二氧化碳分离回收等[83,90]，实现了 CO_2 分离/回收。设备的 CO_2 回收率超过 90%、回收纯度超过 99%。2022 年开始进行第三阶段验证试验示范，从煤气化装置中分离回收 CO_2，产生的高浓度氢气输送至 SOFC 用于发电，包括两个 600kW 的 IGFC 系统，目标是在应用于 500MW 级商业发电设施时，在 CO_2 回收率 90%条件下实现 47%左右的送电端效率（HHV）。日本计划在 2035 年前建设完成以天然气为燃料的 100MW 级 SOFC-GT 联合循环系统并投入运营[91]。该系统终端发电效率有望超过 70%（LHV），并能够直接降低约 20%的二氧化碳排放，是最有希望大规模替代现有火电厂的系统之一。即便采用煤炭作为燃料的 IGFC 系统，终端发电效率仍将超过 60%（LHV），并能够直接减少 30%二氧化碳排放[92]。此外，该系统尾气中 CO_2 含量高达 95%以上[93]，与碳捕捉和储存（Carbon Capture and Storage，CCS）技术相结合便可实现二氧化碳的近零排放，并真正意义上成为绿色煤电技术，其应用前景十分广阔[94]。

21 世纪初期，由法国 Bertin and Cie 公司牵头，由丹麦科技大学、荷兰能源研究基金会（ECN）、法国 Usine D Electricite De Metz 公司、法国 Cdf Ing-

enierie 公司等共同参与开展了 IGFC 的可行性研究，称为“Baraka”项目[95]。项目研究系统由煤气化、气体净化、燃料电池发电、热回收 4 个子系统构成。从发电效率和经济性两方面系统评价了 MCFC 和 SOFC 的优劣。研究发现，SOFC 更适合 IGFC 系统的应用，采用 SOFC 技术系统更加简单；阴极处因压缩空气所消耗的能耗更小；电解质为固态，电极两侧气体交叉泄漏的风险更小；考虑到电池堆的生产成本，SOFC 系统因设备少而略占优势。该系统设计综合转化效率超过 84.8%，发电效率超过 46.7%[96]。

韩国墨尔本大学的 Rudra 等[97] 研究了 IGFC 系统中热回收蒸汽发电（HRSG）的优化，以提高 SOFC 废气的热回收效率，并最大化 IGFC 系统蒸汽循环中产生的发电量。采用 Aspen Plus 模拟软件开发热力学模型，用于模拟混合燃料电池系统配置。新加坡国立大学的 Naraharisetti 等[98] 研究了以生物质或天然气为燃料的 IGFC 系统，研究表明天然气是优于生物质的首选燃料，并且维持吉布斯平衡过程对于最大能量生产至关重要。如果在操作上难以将燃烧和气化装置均保持在吉布斯平衡点上，那么燃气轮机比燃料电池使用时应更注重吉布斯平衡。

1.3.2.2　国内进展

随着中国洁净煤技术“九五”计划的实施，我国开始布局燃煤发电新技术的研究。2000 年起，SOFC 技术在国内掀起研究热潮，新工艺、新材料、新器件得到极大发展。从“十二五”开局便开始了 IGFC 发电联合 CO_2 处理利用系统战略研究，但是以 SOFC 为核心、连同 SOEC（固体氧化物电解池）和 OTM（透氧膜）等技术门槛高、难度大，而且中国几乎没有技术积累。《中国战略性新兴产业发展报告》[99]《能源技术革命创新行动计划（2016—2030 年）》和《“十三五”电力发展规划》均将 IGFC 列为战略性能源新技术。2012—2016 年，中国矿业大学（北京）作为依托单位承担的国家 973 项目“碳基燃料固体氧化物燃料电池体系基础研究”，针对 SOFC 中关键材料设计及荷电传导机制、界面演变、电极反应动力学及一体化电池设计中多尺度多场耦合性能演化等开展了基础理论研究，为 SOFC 的产业化推进提供了理论基础和应用基础支撑。2017 年，国家科技部立项了“CO_2 近零排放的煤气化发电技术”，由国家能源集团牵头，推动国内 IGFC 技术研发与集成示范，预期发电效率高于 50%，且 CO_2 捕集率高于 91%[100,101]。李萍萍等[102] 以美国能源部报告中的百兆瓦级 IGFC 系统流程为基础，考察系统操作压力和进料甲烷含量对系统净发电效率的影响，结果表明增加电堆操作压力和进料甲烷含量有利于提高系统效率。许世森等[63] 基于 SOFC 技术，构建了百兆瓦级 IGFC 系统，在碳捕集率大于 90%情况下，系统供电效率达到 46.2%。2018 年，晋煤集团开展了 15kW 级 IGFC 系统集成验证；2020 年，国家能源集团完成了 20kW 级 IGFC 验证系统运转[103-106]，在此基础上 2022 年建成了国内首个兆瓦级 IGFC 技术试验基地，研制了国内首套 100kW 级 CO_2 近零排放的 IGFC 试验示范系统（图 1.5），由煤气化净化工业装置供应合成气，包括 5 套 20kW 级 SOFC 发电模块，燃料电池系统最大发电功率 101.7kW，燃料电池系统发电效率 53.2%，CO_2 捕集率 98.6%，验证了集成系统的可行性。

图 1.5 国内首套 100kW 级 CO_2 近零排放的 IGFC 试验示范系统

虽然经过不断的技术开发，国内对于 IGFC 系统集成技术不断突破，但是，国外日本三菱重工、美国西屋电气等公司，均经历了 30 余年艰苦卓绝的持续攻关，才得以推广应用。在我国当前国情下，如何突破各种障碍，组织有效的科技、产业联合攻关实现 IGFC 技术商业化便显得至关重要。

1.3.3 IGFC 技术面临的挑战

目前国内外 IGFC 集成示范的规模还较小，离工业化应用尚有差距，在未来研究中亟需解决的问题主要有：

① SOFC 电池技术目前仍未实现完全产业化，其关键材料的低成本量产制备和高一致可靠电池堆的批量化生产，仍然是产业化进程中的最大阻碍。

② 高温燃料电池是 IGFC 系统的核心单元，其耐久性是影响发电成本的关键，同时需尽可能提高单堆功率才能实现大功率 IGFC 发电系统。另外，目前高温燃料电池内气体工作压力较低，提高操作压力可提高 IGFC 系统效率，大功率加压燃料电池的长周期运行仍是制约 IGFC 系统的最重要因素。

③ 由于燃料电池单元需将多电堆进行集成，需要解决燃料气体在不同电堆间的均布、高温热膨胀匹配、电路高效串并联等问题。

④ 高温燃料电池排出的尾气中含有相当比例未充分反应的组分，在纯氧燃烧室中充分燃烧热值较低，采用催化燃烧可有效降低燃烧难度，需研制成本低、寿命长、活性高的催化剂，并进行相应催化燃烧器开发[34]。

第2章

IGFC 系统工艺及关键装备

IGFC 系统由高温燃料电池发电模块和高温辅助设备（如换热器、尾气燃烧器）、逆变器以及控制系统等构成。发电时高温区发电模块工作温度与低温设备工作温度差异较大，因此不仅要求高温区关键设备具有一定耐热强度，并且要求系统具有稳定可靠的压力、温度等控制策略。另外阳极燃料气内 CO 组分易发生歧化反应导致管路、设备、电堆内部积碳引起电堆失效，因此需要对积碳规律进行探索以提出气体组分控制策略。

2.1 积碳规律

根据系统要求和前期工艺设计，IGFC 示范装置将选用净化后的煤制合成气作为燃料气源，合成气的主要成分为 H_2 与 CO。示范基地的合成气来源于煤制油公司煤气化净化合成气，合成气组成见表 2.1。

表 2.1 IGFC 示范基地合成气组成

组分	H_2O	N_2	Ar	H_2	CO	CO_2	CH_4
摩尔分数/%	0	1.125	0.018	61.774	36.711	0.237	0.135

合成气中 CO 含量约占 36.7%，H_2/CO 比例约为 1.68∶1。金属材料中大多含有镍，在使用含碳气体作燃料时，易在金属材料表面发生积碳，碳是良好的导体，如果积碳发生在布气板气孔分布处，严重时会导致孔道堵塞或电堆短路，如图 2.1 所示。

对不同氢碳比和水碳比组成的合成气在不同温度下的积碳规律进行热力学

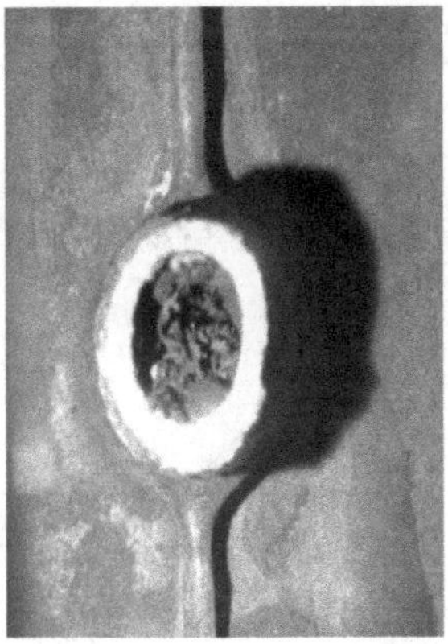

图 2.1　合成气实验测试过程中积碳堵塞的管道

分析，结果如图 2.2 所示。从图中可以看到，氢碳比和水碳比越大，越不易发生积碳。因为氢气含量增加可以促进 CO 向甲烷转化，减少积碳的生成；增加水蒸气含量，可以将碳氧化为氧化碳，减少积碳的生成。另外在一定氢碳比和水碳比的反应条件下，可通过提高系统温度来抑制积碳发生，因为积碳反应为放热反应，提高温度不利于积碳反应的进行。

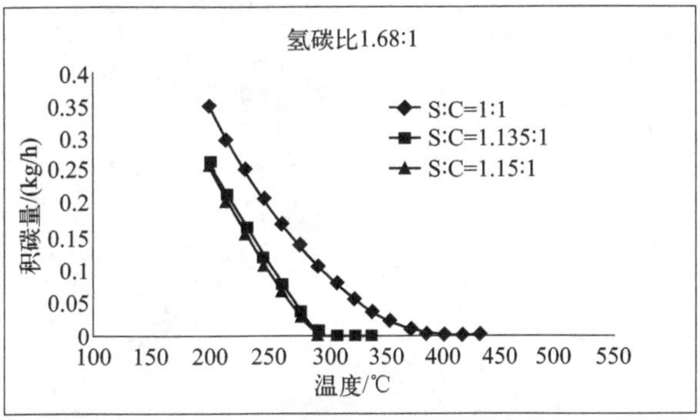

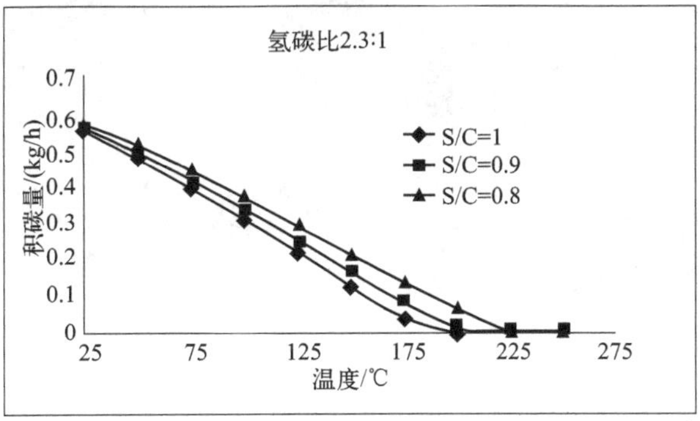

图 2.2

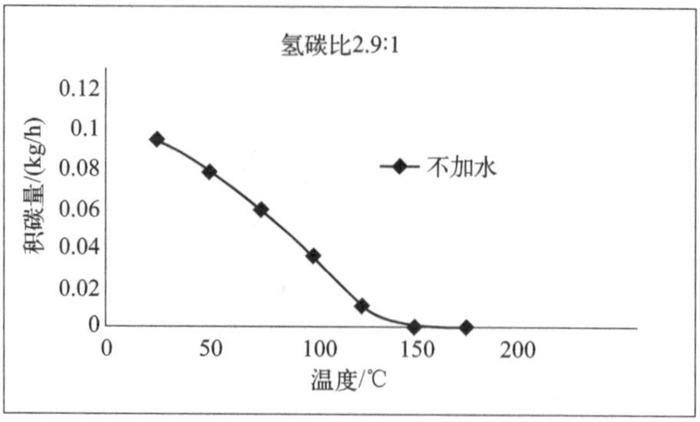

图 2.2　不同氢碳比合成气积碳热力学分析

为验证金属材料在不同氢碳比和水碳比下的实际积碳性能，将金属块在不同条件下进行积碳处理，考察在不同温度和不同配比合成气气氛下的积碳行为，分析处理前后金属表面积碳质量变化，为系统设备及管道选材提供依据。积碳实验测试装置及测试样品如图 2.3 所示。

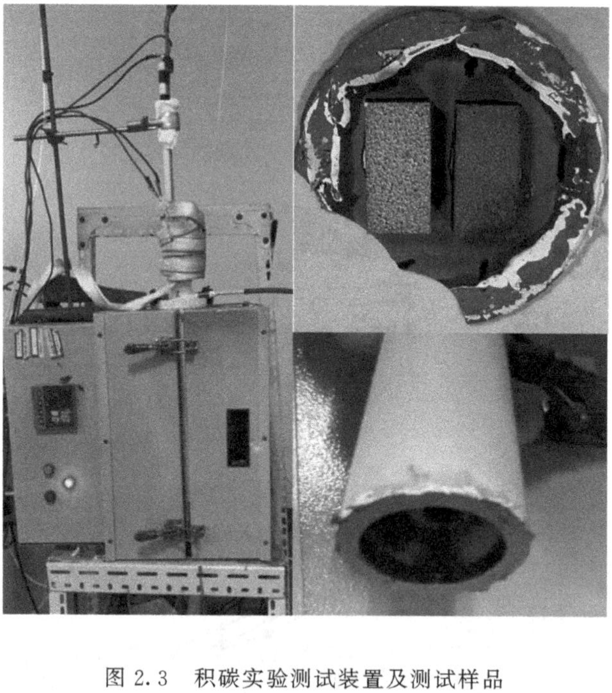

图 2.3　积碳实验测试装置及测试样品

金属块处理前后的照片如图 2.4 所示。表 2.2 是四种不同积碳处理条件，表 2.3 是金属块经不同条件处理前后质量变化。以 250℃和氢碳比 2.9 的合成气处理金属块，处理后金属表面没有明显积碳，且金属块质量没有明显变化。氢碳比为 1.68、以 250℃处理时金属块表面变黑，且处理后金属块质量增加约 1.0%～1.5%，表明有积碳发生；当提高处理温度至 335℃或通入水蒸气至氢碳比为 1 时，金属表面没有明显积碳，且金属块质量没有明显变化。为避免金属材料在合成气气氛中积碳，应尽量提高氢碳比、水碳比或操作温度。

图 2.4　金属块积碳处理前后对比

表 2.2　金属块积碳处理条件

序号	气体组成			氢碳比	反应温度/℃
	H_2	CO	H_2O		
1	74.35%	25.65%	—	2.9	250
2	62.7%	37.3%	—	1.68	335
3	62.7%	37.3%	—	1.68	250
4	45.70%	27.16%	27.14%	1.68	250

表 2.3　金属块积碳处理前后样品质量

样品序号	反应前	反应后	反应前	反应后
	样品一		样品二	
1	1.1461g	1.1461g	1.1544g	1.1543g
2	1.1526g	1.1524g	1.1516g	1.1517g

续表

样品序号	反应前	反应后	反应前	反应后
	样品一		样品二	
3	1.1472g	1.1586g	1.1490g	1.1628g
4	1.1499g	1.1499g	1.1440g	1.1440g

2.2 关键材料

2.2.1 高温金属材料筛选

IGFC系统需要使用大量金属材料制作适用于高温和可燃气体环境的布气板和管道连接件，经过市场调研、专家咨询、文献搜索以及查询金属材料制造商Allegheny Technologies Incorporated、ThyssenKrupp VDM GmbH、Sandvik、Haynes International、Hitachi Metals和Special Metals Corporation等公布的金属材料数据表，对市场常规高温金属材料进行性能数据汇总分析。表2.4～表2.6是部分常规高温金属材料的化学成分、物理性能和应用情况分析，并将各金属材料的温度、热膨胀系数、抗渗碳、抗氧化、强度、电阻率、成本、加工难度及货源等性能进行综合分析，并在表2.7进行汇总，根据IGFC发电系统应用要求，经比较可知310S与inconel 625两种金属材料相对较优，其次为S441和incoloy 800H两种金属材料。

2.2.2 高温密封材料筛选

SOFC集成的发电模块是IGFC系统中的核心部件，发电模块由多个电堆串联/并联组成，为将反应气体通入电堆内进行电化学反应，需要布气板将管路中阳极、阴极气体通入每个电堆内部。电堆与布气板间密封性，会影响电堆间气体分配一致性，一旦氢气发生泄漏与空间内空气混合，在高温下还有着火、爆炸风险。为解决发电模块中电堆与布气板之间的气密性连接问题，需要研究不同密封材料在不同压力与不同温度下的气密性能。通过搭建气密检测平台，对电堆和布气板之间起气体密封作用的密封材料进行气密性检测。在保证安全的测试环境下筛选出适合应用于电堆与发电模块在高温下长期稳定运行的密封材料。

依据SOFC发电模块中电堆布气板的设计，实际密封垫片（图2.5）有效

表 2.4　常规高温金属材料化学成分

单位：%

类型	牌号	化学成分													
		C	Si	Mn	P	S	Ni	Cr	Mo	Cu	N	Al	Ti	Co	Fe	其他元素
铁素体	S441	≤0.03	≤1.0	≤1.0	≤0.04	≤0.030	≤1.00	17.50～19.50	—	—	≤0.030	—	—	—	其余	Nb 0.30～0.90，Ti 0.10～0.50
铁素体	SS446	≤0.15	≤1.0	≤1.5	≤0.04	≤0.03	—	23.00～27.00	—	—	≤0.25	—	—	—	其余	—
奥氏体	310S	≤0.08	≤1.0	≤2.0	≤0.035	≤0.030	19.00～22.00	24.00～26.00	—	—	—	—	—	—	—	—
奥氏体	incoloy 800H	≤0.08	≤1.0	≤1.5	—	≤0.015	30.00～35.00	19.00～23.00	—	—	—	0.15～0.60	0.15～0.60	—	≥39.5	Al+Ti 0.30～1.20
奥氏体	inconel 600	≤0.15	≤0.5	≤1.0	—	≤0.015	≥72.00(+Co)	14.00～17.00	—	≤0.5	—	—	—	—	6.00～10.00	—
奥氏体	inconel 625	≤0.10	≤0.5	≤0.5	≤0.015	≤0.015	≥58.00	20.00～23.00	8.00～10.00	—	—	≤0.40	≤0.40	≤1.0	≤5.00	Nb+钽 3.15～4.15
铁素体	crofer 22	≤0.03	≤0.50	0.30～0.80	≤0.050	≤0.020	—	20.0～24.0	—	≤0.5	—	≤0.50	0.03～0.20	—	其余	La 0.04～0.20
铁素体	crofer 22 H	≤0.03	0.1～0.6	≤0.8	—	—	—	20.0～24.0	—	—	≤0.04	—	0.02～0.2	—	其余	W1.00～3.00，Nb 0.2～1.0，Ti ,La 0.04～0.2
铁素体	ZMG232 G10	0.02	0.1	0.3	—	—	—	24	—	1	—	0.1	—	—	其余	Zr 0.25,La 0.07，W 2.0
奥氏体	哈氏合金-214	≤0.05	≤0.20	≤0.50	≤0.015	≤0.015	其余	15.0～17.0	≤0.5	—	—	4.1～5.0	≤0.5	≤2	2.0～4.0	W≤0.50,Nb/Cb≤0.15,Zr≤0.02,B≤0.004,Y0.003～0.04,Mg≤0.01

表 2.5 高温金属材料物理性能

类型	序号	牌号	物理性能						氧化增重实验
			使用温度	熔点	热膨胀系数	电阻率	屈服强度	抗拉强度	
铁素体	1	S441	—	—	12.4(800℃)	58.7μΩ·cm (20℃)	63.9MPa (816℃,0.2)	69.9MPa(816℃)	0.38% 100h@816℃持续，0.5% 100h@871℃持续，1600次循环-107h@871℃(2min保温，2min降温)
铁素体	2	SS446	816～1149℃	1449～1488℃	12.1 (871℃)	60μΩ·cm(20℃)	27.59MPa (760℃,0.2)	34.5MPa (760℃)	—
奥氏体	3	310S	超过800℃开始软化	1354～1402℃	18.9 (1000℃)	94μΩ·cm(20℃) (122.7@648℃)	111MPa (871℃)	155MPa (871℃,0.2)	0.6mg/cm²100h@871℃持续，1.06mg/cm²500h@871℃持续
奥氏体	4	incoloy 800H	593℃以上，最高816℃	—	18(800℃)	98.9μΩ·cm(20℃) (126.6@800℃)	90MPa (760℃)	223MPa (760℃)	300h@980℃循环(15min加热，5min冷却)
奥氏体	5	inconel 600	1095℃	1370～1425℃	16.1(800℃)	103μΩ·cm(20℃) (113@800℃)	62MPa (871℃,0.2)	103MPa (871℃,0.2)	1.3mg/cm²700h@982℃循环
奥氏体	6	inconel 625	982℃	1290～1350℃	15.3～15.8 (760～871℃)	129μΩ·cm(21℃) (137@760℃)	276MPa (871℃,0.2)	276MPa (871℃)	1.0mg/cm²1000h@982℃循环
铁素体	7	crofer 22	—		12.5(900℃)	50μΩ·cm(20℃) (120@900℃)	10MPa (800℃,0.2)	20MPa (800℃)	3.5mg/cm²1000h@900℃循环(2h保温，15min降温)
铁素体	8	crofer 22 H	—	1452～1503℃	11.8(800℃)	56μΩ·cm(20℃) (109@800℃)	49MPa (800℃,0.2)	55MPa (800℃)	1.8mg/cm²1000h@900℃循环(2h保温，15min降温)
铁素体	9	ZMG232G10	—	1489～1520℃	12(800℃)	—	—	50MPa(800℃)	1.05mg/cm²1000h@850℃
奥氏体	10	哈氏合金-214	>955℃	1355～1400℃	16.6(800℃)	129.2μΩ·cm (800℃)	345MPa (871℃,0.2)	460MPa(871℃)	—

表 2.6 高温金属材料应用情况分析

类型	序号	牌号	应用	形式/加工性	报价(仅供参考)	
					板材	管材
铁素体	1	S441	一种耐热铁素体不锈钢,可为汽车排气系统部件等应用提供良好的抗氧化和耐腐蚀性。铁素体钢在高温下本身并不具有强度,但添加铌和适当的固溶退火显著改善了长时间的蠕变断裂强度性能。ATI 441 HP 合金采用铌和钛双重稳定,在焊接热影响区提供良好的焊接延展性和抗晶间腐蚀性	太钢 1.2mm/1.5mm/2.0mm,2D 表面;有汽车排气管用有缝钢管	20 元/kg	有缝管 30 元/kg
铁素体	2	SS446	一种高铬铁素体耐热合金,具有优异的抗氧化、抗硫化和其他形式的热腐蚀性能。唯一能够容纳熔融铜和黄铜的耐热合金。与其他高铬铁素体不锈钢一样,SS446 在 371～538℃ 的温度范围内(474℃ 脆化)严重脆化	普通焊接,建议用奥氏体填料	—	—
奥氏体	3	310S	有抗氧化性,用在高温下。耐水腐蚀,易受氯化物腐蚀	良好	35.5～55 元/kg	55～126 元/kg
奥氏体	4	incoloy 800H	较高水平的碳。特别适用于高温应用,如炉子部件和相关加热设备,石化重整装置和等压管,以及处理核电站和传统电厂的过热蒸汽。高含量的铬和镍,具有优异的抗氧化和抗结垢性以及渗碳性。与 800 类似,但在 650℃以上的应用中具有改善的蠕变和应力 - 断裂性能。耐高温氧化、渗碳和氮化,广泛用于石化和热加工	加工性很好,与 316 接近	262～291 元/kg	264 元/kg
奥氏体	5	inconel 600	一种 NiCrFe 合金,具有抗应力腐蚀开裂和抗化学腐蚀性,具有良好的高温强度和抗氧化性。用于化学和石化加工,核、汽车工程和热加工以及商业和军事核能发电	可做弯管,较硬,不适合现场打弯,需要后期热处理	240 元/kg	438 元/kg
奥氏体	6	inconel 625	一种 NiCrMoNb 稳定合金,具有抗腐蚀性,特别适用于缝隙腐蚀、点蚀和高温氧化。用于航空航天工程、燃气轮机、化学处理、石油和天然气开采、污染控制以及海洋和核工程。长期抗氧化性优于 600	可做弯管,较硬,不适合现场打弯,需要后期热处理	370 元/kg	672 元/kg
铁素体	7	crofer 22	SOFC 中连接电堆、布气板	有板材,冷轧 3.5mm,但是无管材	进口	—
铁素体	8	crofer 22 H	由 W、Nb 和 Si 组成,可提高高温下的抗蠕变性;表现出比 Crofer 22APU 更强的抗蠕变性		进口,样品 1.6 万元	—
铁素体	9	ZMG232G10	是另一种基于 232J3 减少 Cr 蒸发的新合金。通过减少 Mn、增加 Cr 和添加 W 来改善抗氧化性。通过添加 Cu 来降低 Cr 蒸发。W 可以提高机械拉伸强度	无管材,棒材较少,板材批量。多种厚度	日本,少量约 493 元/kg	—

续表

类型	序号	牌号	应用	形式/加工性	报价(仅供参考)	
					板材	管材
奥氏体	10	哈氏合金-214	非常适合在应力相对较低、高温的氧化环境中使用。用于烧制陶器和瓷器的托盘和支架;电子设备和技术级陶瓷的热处理;密封,火焰罩。低于955℃使用,会有氧化铬生成,抗氧化性较955℃以上略差	—	进口,约766元/kg	不确定是否有管材

表 2.7 高温金属材料综合评价

类型	序号	牌号	综合评价(☆表示半颗星,★表示一颗星)								
			700～800℃使用	热膨胀系数	抗渗碳	抗氧化	强度	电阻率	成本	货源难度	加工难度
铁素体	1	S441	适宜	★	—	★	★☆	★	☆	★★★	★★
铁素体	2	SS446	适宜	★	—	★	☆	★	—	—	—
奥氏体	3	310S	适宜	★★★	★	★★	★★★	★★	★	★	★
奥氏体	4	incoloy 800H	适宜	★★★	★★	★☆	★★	★★	★★	★★	★★
奥氏体	5	inconel 600	适宜	★★☆	★★	★★★	★★☆	★★	★★★	★★	★★
奥氏体	6	inconel 625	适宜	★★	★★	★★★☆	★★★★	★★☆	★★★★	★★	★★
铁素体	7	crofer 22	适宜	★	—	★★	☆	★	—	★★★★	★★★
铁素体	8	crofer 22 H	适宜	★	—	★★★	★	★	★★★★★	★★★★	★★★
铁素体	9	ZMG232G10	适宜	★	—	★★★☆	—	★	★★★★★	★★★★	★★★
奥氏体	10	哈氏合金-214	适宜,>955℃更好	★★☆	★★★	★★★★	★★★★★	★★☆	★★★★★★	★★★	★★★
结论	经过计算,电阻率均满足要求,因此考虑成本、货源和性能: ①如果可以满足应力条件,首选310S,其次incoloy 800H。 ②如果应力不可以接受,在目前找不到S441无缝管材的前提下,选inconel 600或625。 ③如果要求设备长期运行:建议inconel 625。 注:货源难度定义依据,国内可以找到★;国内可以找到但较少★★;国外可以找到★★★;国外只可以找到板材★★★★										

面积为 171.58cm^2。计算并设计实验测试用垫片的有效面积为 37.81cm^2，受力关系见表 2.8。

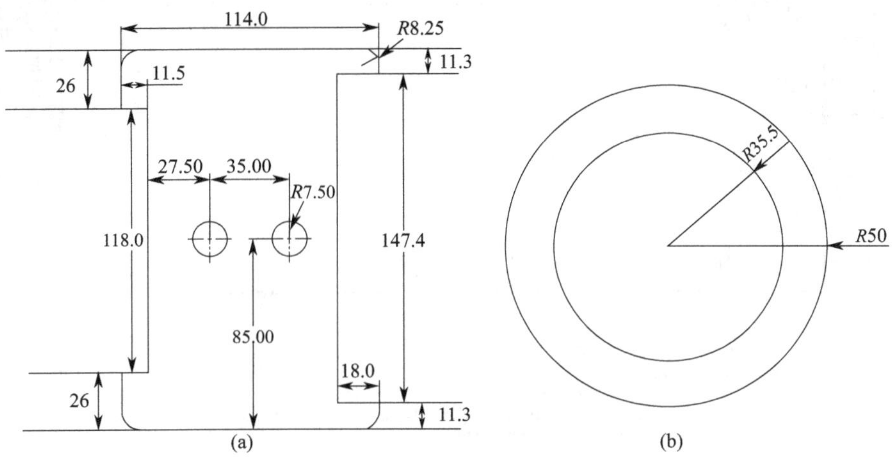

图 2.5　实际垫片设计图（单位：mm）

表 2.8　受力关系计算表

密封垫片	压力/N	单位面积压力/(kgf/cm^2)	测试材料所受压力/N
1	343	0.20	68.6
2	588	0.35	205.8
3	833	0.50	416.5
4	1078	0.64	689.92

依据差压、直压检测方法，设计测试装置，流程如图 2.6 所示，装置如图 2.7 所示。

将被测样件放置于加热炉内，打开所有阀门，打开气瓶及减压阀、二级减压阀，进行空气置换；关闭排气阀，待压力达到设定值，关闭进气阀，进行测试及数据采集。

对于布气板和电堆间气密材料选择，不仅要具有一定的硬度、耐高温稳定性，还需要具有绝缘性，避免电堆与气体管路间短路。经过调研分析，采购了商用云母材料，并对其进行气密性测试。分别进行了 1 层、2 层、3 层、4 层、5 层云母的气密性测试，升温降温速率为 60℃/h。同时对不同来源的云母进行多种结构搭配，并进行相应气密性实验，进而优化云母结构。

1 层、2 层、3 层、4 层、5 层云母的泄漏率数据见表 2.9～表 2.13 所示。

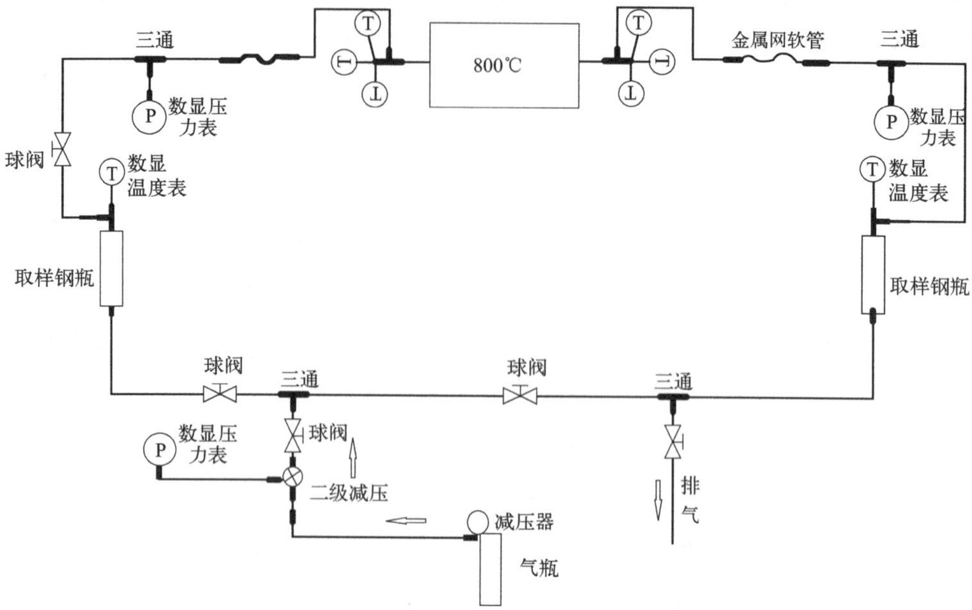

图 2.6　气密性研究实验检测装置流程图

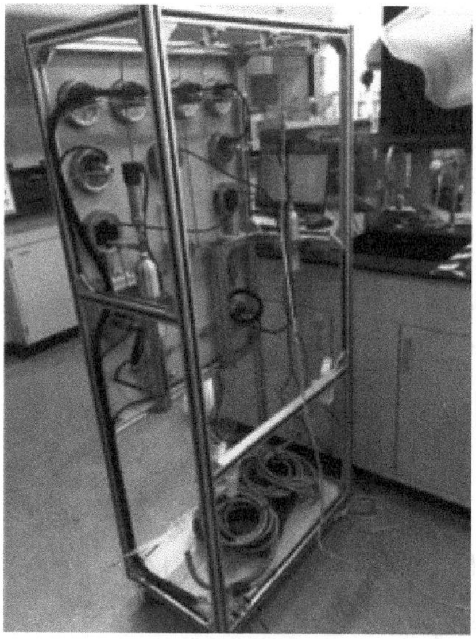

图 2.7　差压、直压式两用气密性检测系统

根据五组云母层数实验结果，进行比较可以发现，采用 2 层厚度云母的气密性能相对最优。由于单层云母强度较低，在施加较大压力或者装配异位时会造成

云母损坏，从而导致气体泄漏，而云母层数过多会导致接触面积增加，从而增加气体泄漏路径。

表 2.9　1 层云母泄漏率实验数据

实验样件泄漏率/(mL/min)						系统布气板燃气进口泄漏率/(mL/min)					
温度/℃	垫片承压/kgf					温度/℃	垫片承压/kgf				
	106(升)	106(降)	84(降)	62(降)	40(降)		106(升)	106(降)	84(降)	62(降)	40(降)
20	16.486	—	—	—	—	20	16.486	—	—	—	—
350(升)	7.354	—	—	—	—	350(升)	7.354	—	—	—	—
700(升)	4.308	—	—	—	—	700(升)	4.308	—	—	—	—
800	—	3.307	3.305	3.324	3.356	800	—	3.307	3.305	3.324	3.356
700(降)	—	3.761	4.052	4.07	4.087	700(降)	—	3.761	4.052	4.07	4.087
350(降)	—	8.112	7.184	7.189	7.434	350(降)	—	8.112	7.184	7.189	7.434
20	—	15.657	17.036	16.748	16.416	20	—	15.657	17.036	16.748	16.416

注：1kgf≈9.8N。

表 2.10　2 层云母泄漏率实验数据

实验样件泄漏率/(mL/min)						系统布气板燃气进口泄漏率/(mL/min)					
温度/℃	垫片承压/kgf					温度/℃	垫片承压/kgf				
	106(升)	106(降)	84(降)	62(降)	40(降)		106(升)	106(降)	84(降)	62(降)	40(降)
20	16.003	—	—	—	—	20	3.381	—	—	—	—
350(升)	7.574	—	—	—	—	350(升)	1.6	—	—	—	—
700(升)	4.416	—	—	—	—	700(升)	0.933	—	—	—	—
800	—	3.895	3.848	3.902	3.949	800	—	0.823	0.813	0.824	0.834
700(降)	—	4.337	4.365	4.374	4.545	700(降)	—	0.916	0.922	0.924	0.96
350(降)	—	7.263	7.422	7.337	7.447	350(降)	—	1.534	1.568	1.55	1.573
20	—	19.275	15.191	15.215	15.396	20	—	3.227	3.209	3.214	3.253

注：1kgf=9.8N。

表 2.11　3 层云母泄漏率实验数据

实验样件泄漏率/(mL/min)						系统布气板燃气进口泄漏率/(mL/min)					
温度/℃	垫片承压/kgf					温度/℃	垫片承压/kgf				
	106(升)	106(降)	84(降)	62(降)	40(降)		106(升)	106(降)	84(降)	62(降)	40(降)
20	15.866	—	—	—	—	20	3.352	—	—	—	—

续表

实验样件泄漏率/(mL/min)						系统布气板燃气进口泄漏率/(mL/min)					
温度/℃	垫片承压/kgf					温度/℃	垫片承压/kgf				
	106(升)	106(降)	84(降)	62(降)	40(降)		106(升)	106(降)	84(降)	62(降)	40(降)
350(升)	7.238	—	—	—	—	350(升)	1.529	—	—	—	—
700(升)	4.712	—	—	—	—	700(升)	0.995	—	—	—	—
800	—	3.998	4.034	3.84	4.104	800	—	0.845	0.852	0.811	0.867
700(降)	—	4.132	4.598	4.461	4.643	700(降)	—	0.873	0.971	0.942	0.981
350(降)	—	7.32	8.722	7.607	8.409	350(降)	—	1.546	1.843	1.607	1.777
20	—	21.297	15.41	15.517	15.589	20	—	4.499	3.256	3.278	3.293

注：1kgf=9.8N

表 2.12　4 层云母泄漏率实验数据

实验样件泄漏率/(mL/min)						系统布气板燃气进口泄漏率/(mL/min)					
温度/℃	垫片承压/kgf					温度/℃	垫片承压/kgf				
	106(升)	106(降)	84(降)	62(降)	40(降)		106(升)	106(降)	84(降)	62(降)	40(降)
20	17.826	—	—	—	—	20	3.766	—	—	—	—
350(升)	5.014	—	—	—	—	350(升)	1.059	—	—	—	—
700(升)	7.805	—	—	—	—	700(升)	1.649	—	—	—	—
800	—	4.129	4.235	4.271	4.137	800	—	0.872	0.895	0.902	0.874
700(降)	—	4.594	4.575	4.528	4.821	700(降)	—	0.971	0.967	0.957	1.019
350(降)	—	7.327	7.388	7.481	11.808	350(降)	—	1.548	1.561	1.58	2.495
20	—	16.197	15.558	15.578	15.241	20	—	3.422	3.287	3.293	3.22

注：1kgf=9.8N

表 2.13　5 层云母泄漏率实验数据

实验样件泄漏率/(mL/min)						系统布气板燃气进口泄漏率/(mL/min)					
温度/℃	垫片承压/kgf					温度/℃	垫片承压/kgf				
	106(升)	106(降)	84(降)	62(降)	40(降)		106(升)	106(降)	84(降)	62(降)	40(降)
20	15.486	—	—	—	—	20	3.272	—	—	—	—
350(升)	7.761	—	—	—	—	350(升)	1.64	—	—	—	—
700(升)	4.628	—	—	—	—	700(升)	0.978	—	—	—	—
800	—	4.386	4.484	4.552	4.612	800	—	0.927	0.947	0.962	0.0974
700(降)	—	4.582	4.585	4.613	4.582	700(降)	—	0.968	0.969	0.975	0.968

续表

实验样件泄漏率/(mL/min)						系统布气板燃气进口泄漏率/(mL/min)					
温度/℃	垫片承压/kgf					温度/℃	垫片承压/kgf				
	106(升)	106(降)	84(降)	62(降)	40(降)		106(升)	106(降)	84(降)	62(降)	40(降)
350(降)	—	8.227	7.815	7.679	8.331	350(降)	—	1.738	1.651	1.622	1.76
20	—	15.762	15.379	15.58	15.756	20	—	3.33	3.249	3.292	3.329

注：1kgf=9.8N

筛选其他备用气密材料，对单层微晶玻璃、硬板双层云母、单层 4122 无机纤维、单层厚云母、双层带纤维层软云母 5 种云母的不同组合方案进行气密测试，测试结果如表 2.14～表 2.18 所示。通过比较，可以看出双层带纤维层软云母和单层厚板云母气密性相对较优。

表 2.14　单层微晶玻璃垫片泄漏率实验数据

实验样件泄漏率/(mL/min)			系统布气板燃气进口泄漏率/(mL/min)		
温度/℃	垫片承压/kgf		温度/℃	垫片承压/kgf	
	106(升)	106(降)		106(升)	106(降)
20	67.8	—	20	10.594	—
800	—	26.418	800	—	4.128

注：1kgf=9.8N

表 2.15　硬板双层云母泄漏率实验数据

实验样件泄漏率/(mL/min)						系统布气板燃气进口泄漏率/(mL/min)					
温度/℃	垫片承压/kgf					温度/℃	垫片承压/kgf				
	106(升)	106(降)	84(降)	62(降)	40(降)		106(升)	106(降)	84(降)	62(降)	40(降)
20	18.382	—	—	—	—	20	3.884	—	—	—	—
350(升)	8.74	—	—	—	—	350(升)	1.846	—	—	—	—
700(升)	4.772	—	—	—	—	700(升)	1.008	—	—	—	—
800	—	3.984	4.001	4.019	4.019	800	—	0.842	0.845	0.849	0.849
700(降)	—	4.738	4.736	4.786	4.753	700(降)	—	1.001	1.001	1.011	10.004
350(降)	—	7.2	7.639	7.662	7.657	350(降)	—	1.521	1.614	1.619	1.618
20	—	15.155	16.514	15.266	15.249	20	—	3.202	3.489	3.217	3.222

注：1kgf=9.8N

表 2.16 单层 4122 无机纤维泄漏率实验数据

实验样件泄漏率/(mL/min)						系统布气板燃气进口泄漏率/(mL/min)					
温度/℃	垫片承压/kgf					温度/℃	垫片承压/kgf				
	106(升)	106(降)	84(降)	62(降)	40(降)		106(升)	106(降)	84(降)	62(降)	40(降)
20	11.622	—	—	—	—	20	2.455	—	—	—	—
350(升)	2.173	—	—	—	—	350(升)	0.459	—	—	—	—
700(升)	4.404	—	—	—	—	700(升)	0.93	—	—	—	—
800	—	3.695	3.816	3.817	3.765	800	—	0.782	0.806	0.806	0.795
700(降)	—	4.41	4.444	4.284	4.442	700(降)	—	0.932	0.939	0.905	0.938
350(降)	—	3.954	3.872	3.63	3.37	350(降)	—	0.835	0.818	0.767	0.712
20	—	6.323	6.643	3.607	7.868	20	—	1.336	1.403	0.762	1.662

注：1kgf=9.8N

表 2.17 单层厚板云母泄漏率实验数据

实验样件泄漏率/(mL/min)					系统布气板燃气进口泄漏率/(mL/min)				
温度/℃	垫片承压/kgf				温度/℃	垫片承压/kgf			
	85 (升)	35 (升)	85(降)	35(降)		85 (升)	35 (升)	85(降)	35(降)
20	10.201	13.927	—	—	20	2.155	2.952	—	—
350(升)	1.7012	2.508	—	—	350(升)	0.362	0.53	—	—
700(升)	1.783	2.258	—	—	700(升)	0.377	0.477	—	—
800	—	—	1.202	1.598	800	—	—	0.254	0.338
700(降)	—	—	1.681	2.094	700(降)	—	—	0.355	0.442
350(降)	—	—	4.07	2.9	350(降)	—	—	0.86	0.613
20	—	—	13.348	14.046	20	—	—	2.82	2.967

注：1kgf=9.8N

表 2.18 双层带纤维层软云母泄漏率实验数据

实验样件泄漏率/(mL/min)					系统布气板燃气进口泄漏率/(mL/min)				
温度/℃	垫片承压/kgf				温度/℃	垫片承压/kgf			
	85 (升)	35 (升)	85(降)	35(降)		85 (升)	35 (升)	85(降)	35(降)
20	13.453	14.803	—	—	20	2.842	3.127	—	—
350(升)	2.035	2.189	—	—	350(升)	0.43	0.462	—	—
700(升)	1.459	1.881	—	—	700(升)	0.308	0.397	—	—
800	—	—	1.08	1.406	800	—	—	0.228	0.297

续表

实验样件泄漏率/(mL/min)					系统布气板燃气进口泄漏率/(mL/min)				
温度/℃	垫片承压/kgf				温度/℃	垫片承压/kgf			
	85（升）	35（升）	85(降)	35(降)		85（升）	35（升）	85(降)	35(降)
700(降)	—	—	1.492	1.855	700(降)	—	—	0.315	0.392
350(降)	—	—	3.404	4.093	350(降)	—	—	0.719	0.865
20	—	—	12.144	13.413	20	—	—	2.566	2.834

注：1kgf=9.8N

2.3 关键部件

2.3.1 高温布气板

SOFC 发电单元由多个小功率电堆组成电堆模块，其中布气板，也称为气体分配板或气体扩散板，主要功能是在电池堆内部均匀分布燃料气体（如氢气、一氧化碳等）和氧化剂（如氧气或空气），以确保电池堆内的化学反应能够高效、稳定地进行。它是连接燃料电池堆与气体供应系统的关键零部件，也是电堆模块中亟需突破的关键零部件。由于 SOFC 内燃料气体包含 CO 和水蒸气，并且其工作温度较高（600～900℃），因此布气板需要具有良好的耐腐蚀性和热稳定性。为满足 IGFC 系统要求，采用扩散焊和电焊两种焊接工艺进行布气板加工，以筛选出可以在高温下使用的布气板。布气板验收标准如下。

① 冷态下气密性检测结果满足气密性要求。

② 经过 800℃下保温 72h 热处理并降至室温后再次进行气密性检测，气体泄漏率须达到气密性要求，以保障系统可实现多次循环启停。

为满足 5kW 发电模块内双堆共用一块布气板的需求，优化设计了Ⅰ型布气板，设计图与样件如图 2.8 所示。将扩散焊工艺加工的Ⅰ型布气板放置在马弗炉内进行高温 800℃/72h 热处理，从图 2.9 可知高温处理后的布气板表面生成黑色氧化层，将该氧化层取样进行 SEM 和 EDS 分析，氧化层的主要成分为 Cr 和 Mn 氧化物，为布气板表层在高温下与空气反应生成的产物。对热处理前、后布气板进行气密性检测，气体泄漏率均满足要求，说明布气板在经历高温热处理过程中焊接处未开裂，布气板设计方案和加工工艺可用于系统集成设计。

由于扩散焊工艺难度较高，加工周期长，通过修改布气板设计图纸，采用

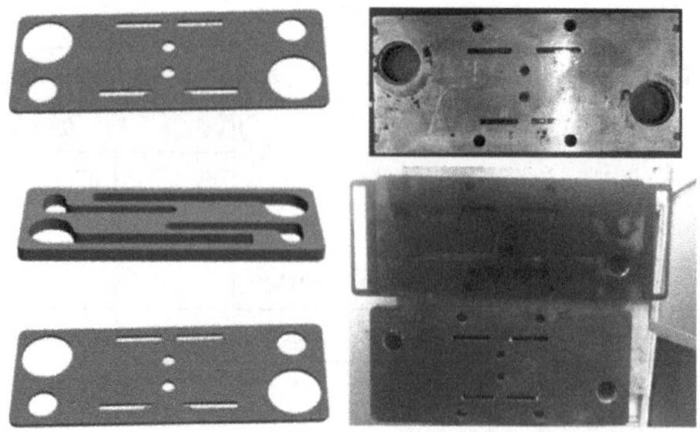

图 2.8　Ⅰ型布气板设计图与样件

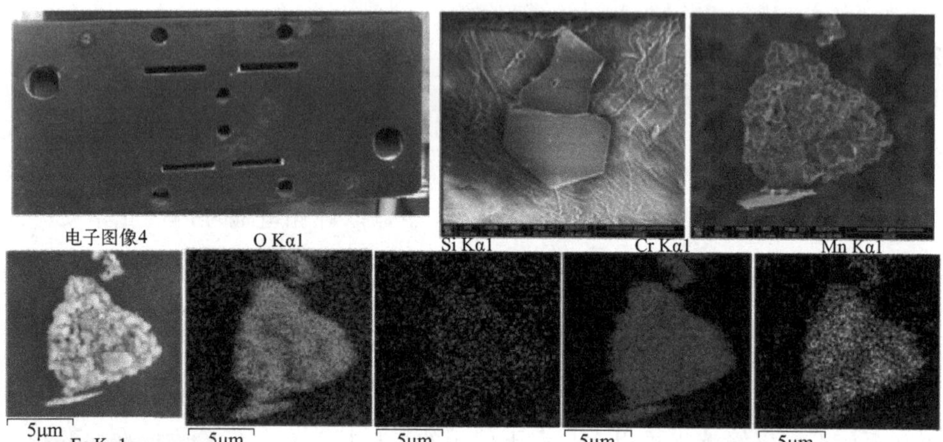

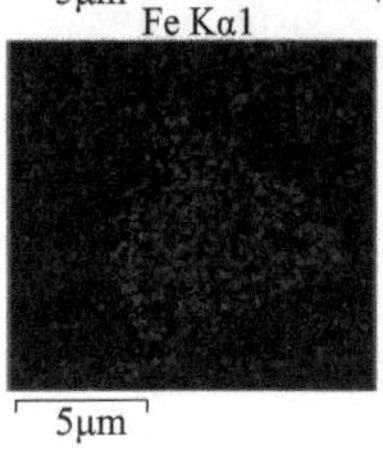

元素	线类型	表现浓度	k比值	质量分数/%	相对标准偏差/%
O	K线系	19.01	0.06395	28.72	0.35
Si	K线系	0.09	0.00071	0.35	0.10
Cr	K线系	15.28	0.15277	59.32	0.48
Mn	K线系	2.55	0.02553	10.12	0.44
Fe	K线系	0.36	0.00356	1.48	0.30
总量				100.00	

图 2.9　扩散焊布气板样件热处理后表层氧化物分析

电焊工艺加工制成 4 套Ⅰ型布气板。图 2.10 是电焊布气板无损检测结果，未发现焊接缺陷。将电焊工艺加工的Ⅰ型布气板同样进行高温处理并进行气密性检测，高温处理前后布气板的气密性检测合格。

高温处理后两种焊接工艺的布气板表面均有绿色氧化层生成，使用无尘纸擦拭后对粉末进行分析。如图 2.9 和图 2.11 所示，经 SEM 与 EDS 分析，绿

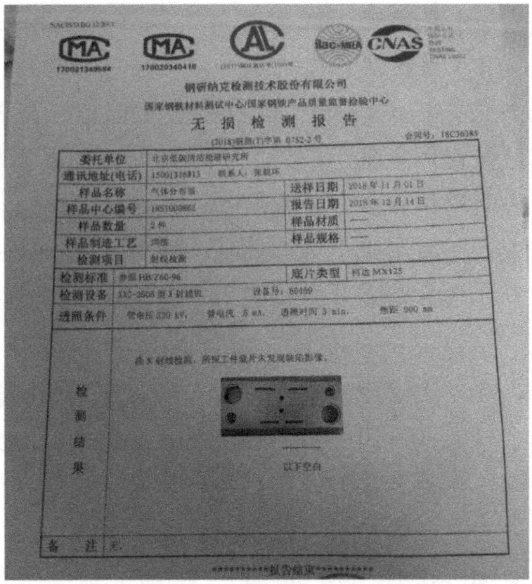

钢研纳克检测技术股份有限公司

国家钢铁材料测试中心/国家钢铁产品质量监督检验中心

无 损 检 测 报 告

(2018)钢测(T)字第 0752-2 号　　合同号：18C36385

委托单位	北京低碳清洁能源研究所		
通讯地址(电话)	15001316813　联系人：[illegible]		
样品名称	气体分布器	送样日期	2018 年 11 月 01 日
样品中心编号	[illegible]	报告日期	2018 年 12 月 14 日
样品数量	2 件	样品材质	—
样品制造工艺	焊接	样品规格	—
检测项目	射线检测		
检测标准	参照 HB/Z60-96	底片类型	柯达 MX125
检测设备	XXC-2505 型 X 射线机　设备号：[illegible]		
透照条件	管电压 230 kV，管电流 5 mA，透照时间 3 min，焦距 900 mm		
检测结果	经 X 射线检测，所探工件底片未发现缺陷影像。 以下空白		
备注	无		

**********报告结束**********

图 2.10　电焊Ⅰ型布气板无损检测结果

元素	线类型	表现浓度	k比值	质量分数/%	相对标准偏差/%
C	K线系	1.43	0.01433	4.41	0.29
O	K线系	54.93	0.18484	26.06	0.26
Cr	K线系	72.16	0.72163	66.84	0.35
Mn	K线系	2.85	0.02848	2.68	0.21
总量				100.00	

图 2.11　电焊Ⅰ型布气板样件热处理后表层氧化物分析

色粉末成分为 Cr 和 Mn 氧化物。经对比，扩散焊布气板与电焊布气板高温 800℃/72h 处理后，布气板表面氧化状态不同。经目视观察，电焊布气板表面氧化物颜色呈现偏绿色；扩散焊布气板表面呈灰棕色。高温 800℃/72h 处理后，布气板表面可擦拭粉体含量不同，其中电焊布气板表面粉体较多，容易擦除；扩散焊布气板表面粉体较少，不易掉落。经 SEM 检测，扩散焊布气板表面粉末中除片状粉末，还有类球状和尖晶石状粉末。经 EDS 检测，两种布气板表面生成的粉体 Cr、Mn 金属元素含量有些差异，扩散焊布气板表面粉末中 Mn 含量相对较高。

根据以上分析，并与供应商核实，电焊布气板使用板材供货商不明，扩散焊布气板使用板材来自太钢。因此推测是板材来源不同，导致两种布气板高温处理后表面反应不同。在钢材采购收货后进行牌号鉴定或化学元素分析，可为设备的稳定运行提供安全保障。

通过以上分析总结，电焊Ⅰ型布气板，机加工难度较高，焊接工艺难度低，交货周期短；扩散焊Ⅰ型布气板，机加工难度较高，焊接工艺难度较高，交货周期较长。可通过优化设计，降低机加工难度，提高加工效率和成品率。

为验证空气开放式发电模块集成方案可行性，针对空气开放式结构的发电模块，设计了相匹配的Ⅱ型布气板。Ⅱ型布气板的设计图与样件如图 2.12 所示，每个样件出厂前均进行气密检测。Ⅱ型布气板分别在两堆单塔、四堆单塔和 20kW 发电模块中进行应用，均表现出良好的高温密封性和抗氧化性。Ⅱ型布气板可以满足气体均匀分配，并易于批量化加工制造。

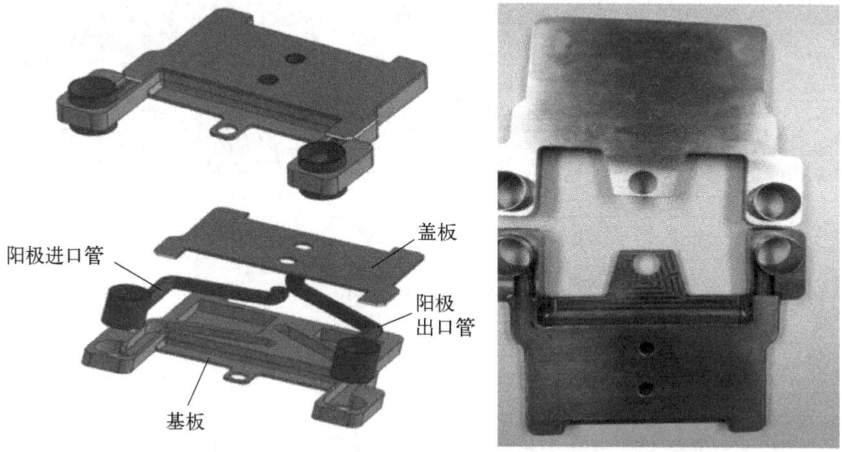

图 2.12　Ⅱ型布气板设计图与样件

2.3.2　不锈钢陶瓷接头

IGFC 系统是发电系统，需要将电化学反应过程生成的电能由外接线路输送至用电负载中，如果发电单元在模块内形成电回路，将形成短路导致模块内部急剧升温引起火灾危险。为避免电堆模块短路，需开发耐高温绝缘接头（不锈钢-陶瓷接头），用作金属管路中的绝缘连接件。该陶瓷接头中间为陶瓷绝缘体，两端为耐高温不锈钢金属件，要求在 700～800℃高温环境下密封且绝缘，在冷态使用氦气检漏仪测试漏气率 $\leqslant 5\times10^{-8}$ Pa·m^3/s。图 2.13 为不锈钢陶瓷接头示意图和样件。

图 2.13　不锈钢陶瓷接头结构示意图与样件

通过对焊接工艺、焊料、陶瓷材料、金属材质等工艺条件进行筛选，优化出使用 95 氧化铝陶瓷和 inconel 625 不锈钢制备的不锈钢陶瓷接头。图 2.14 为 1in（1in=2.54cm）不锈钢陶瓷接头样件，该样件冷态测试时氦气泄漏率为 1×10^{-13} Pa·m^3/s，经过两次 800℃/72h 高温处理后，氦气泄漏率分别为 3×10^{-8} Pa·m^3/s 和 1×10^{-13} Pa·m^3/s，满足技术要求。按照相同工艺加工了 14 套 1in inconel 625 不锈钢-陶瓷接头，并进行多次高温处理，每次高温处理后均再次进行气密检测，14 个样件的气密性测试结果如表 2.19 所示。其中 1 套热处理前测试不合格，其余 13 套产品，热处理前测试合格。将测试合格的 13 套产品中的 12 套进行冷热循环热处理，一次热处理后 12 套样品中 7 套样品泄漏率检测合格（$\leqslant 5\times10^{-8}$ Pa·m^3/s），二次热处理后 7 套合格。

图 2.14 inconel 625 不锈钢陶瓷接头 1in（1in=2.54cm）样件

表 2.19 14 套 inconel 625 不锈钢-陶瓷接头气密性测试结果

产品编号	处理前	800℃/72h-第 1 次		800℃/72h-第 2 次	
	泄漏率/(Pa·m^3/s)	泄漏率/(Pa·m^3/s)	泄漏气体体积/(mL/min)	泄漏率/(Pa·m^3/s)	泄漏气体体积/(mL/min)
1	1.0×10^{-13}	8.0×10^{-7}	4.3×10^{-4}	1.0×10^{-13}	5.4×10^{-11}
2	1.0×10^{-6}	5.0×10^{-5}	2.7×10^{-2}	5.0×10^{-2}	2.7×10^{-6}
3	1.0×10^{-13}	2.0×10^{-9}	1.1×10^{-6}	1.0×10^{-8}	5.4×10^{-6}
4	1.2×10^{-8}	1.0×10^{-7}	5.4×10^{-5}	1.0×10^{-8}	5.4×10^{-6}
5	1.5×10^{-9}	2.0×10^{-7}	1.1×10^{-4}	1.0×10^{-13}	5.4×10^{-11}
6	3.0×10^{-9}	1.0×10^{-8}	5.4×10^{-6}	1.0×10^{-13}	5.4×10^{-11}
7	1.0×10^{-13}	5.0×10^{-10}	2.7×10^{-7}	3.0×10^{-7}	1.6×10^{-4}
8	1.0×10^{-13}	2.0×10^{-4}	1.1×10^{-1}	1.0×10^{-4}	5.4×10^{-2}
9	1.0×10^{-13}	2.0×10^{-9}	1.1×10^{-6}	1.0×10^{-13}	5.4×10^{-11}
10	1.0×10^{-13}	1.0×10^{-10}	5.4×10^{-8}	1.0×10^{-10}	5.4×10^{-8}
11	1.0×10^{-13}	1.0×10^{-10}	5.4×10^{-8}	—	—
12	1.0×10^{-13}	1.0×10^{-9}	5.4×10^{-7}	—	—
13	1.0×10^{-13}	1.0×10^{-7}	5.4×10^{-5}	—	—
14	1.0×10^{-13}	—	—	—	—

由于 inconel 625 金属在 800℃时热膨胀率约为 15.4×10^{-6}/℃，而陶瓷材料在高温下的热膨胀率约为 7.5×10^{-6}/℃，两者差异较大。因此，在制作 inconel 625 不锈钢陶瓷接头产品的同时，对其他金属材质也进行了验证。其中，

SUS441 在 800℃时热膨胀率约为 12.4×10^{-6}/℃，且成本比 inconel 625 低，如果验证通过，可将对接管路更换为 SUS441 材质，降低 IGFC 系统高温区管路加工成本。SUS441 样件气密性测试结果如表 2.20 所示。与 inconel 625 金属制作的不锈钢陶瓷接头样件相比，SUS441 制作的样件泄漏率更高，气密性略差。

表 2.20　SUS441 不锈钢-陶瓷接头样件气密性测试结果

样件	热处理之前	800℃/72h-第 1 次		800℃/72h-第 2 次		800℃/72h-第 3 次		800℃/72h-第 4 次	
	泄漏率/($Pa\cdot m^3$/s)	泄漏率/($Pa\cdot m^3$/s)	泄漏气体体积/(mL/min)	泄漏率/($Pa\cdot m^3$/s)	泄漏气体体积/(mL/min)	泄漏率/($Pa\cdot m^3$/s)	泄漏气体体积/(mL/min)	泄漏率/($Pa\cdot m^3$/s)	泄漏气体体积/(mL/min)
441	4.7×10^{-9}	1.0×10^{-5}	5.4×10^{-3}	3.0×10^{-8}	1.6×10^{-5}	1×10^{-7}	5.4×10^{-5}	1×10^{-7}	5.4×10^{-5}

为改善 inconel 625 不锈钢陶瓷接头高温稳定性，对接头金属件进行进一步优化，通过在金属件表面焊接一层钼皮，提高金属件耐高温能力。inconel 625-B 样件气密性测试结果如表 2.21 所示。经过一次高温处理后，其泄漏率与 inconel 625 样件相当。

表 2.21　inconel 625-B 不锈钢-陶瓷接头样件气密性测试结果

样件编号	热处理前	800℃/72h-第 1 次	
	泄漏率/($Pa\cdot m^3$/s)	泄漏率/($Pa\cdot m^3$/s)	泄漏气体体积/(mL/min)
625-B	1.0×10^{-13}	1.0×10^{-9}	5.4×10^{-7}

燃料电池阴极侧管道尺寸为 2in，在 1in 接头焊接工艺技术基础上，扩大接头内径，使用 95 氧化铝陶瓷件和 inconel 625 金属材质制作了 1 套 2in 样件，如图 2.15 所示，其气密性检测结果见表 2.22，高温热处理前、后样件的气体泄漏率均满足气密性要求。

表 2.22　inconel 625 2in 不锈钢-陶瓷接头样件气密性测试结果

样件编号	热处理之前	800℃/72h-第 1 次	
	泄漏率/($Pa\cdot m^3$/s)	泄漏率/($Pa\cdot m^3$/s)	泄漏气体体积/(mL/min)
625 2in	1.0×10^{-13}	1.0×10^{-8}	5.4×10^{-6}

不锈钢陶瓷接头经过以上工艺优化与高温验证，焊接工艺基本定型。inconel 625 金属件-95 氧化铝陶瓷件 1in 和 2in 接头可满足使用要求，其他组合

图 2.15 inconel 625 2in 不锈钢-陶瓷接头样件

方案，包括 SUS441 金属件-95 氧化铝陶瓷件、625-B（焊接钼皮）金属件-95 氧化铝陶瓷件、310S-99 氧化铝陶瓷件、310S-尖晶石氧化镁陶瓷件等，可按需求在已有基础上进一步优化改进。

2.4 高温换热器

发电单元需使用高温换热器对进出电堆的气体进行自换热以提高系统热效率。燃料电池阴极和阳极尾气温度约 800℃，需要与进料换热回收热量。在换热器中要同时满足低压差（>5kPa）、高温差（>700℃）及紧凑要求（设备尺寸尽可能<500mm×500mm×5000mm），给换热器的选型带来很大的难度，目前国内基本不存在成品可供采购。对国内外主要的换热器厂商进行考察和交流，筛选了几家在高温换热器领域有一定经验的厂商进行合作。经过深度技术交流与参数核算，选择如图 2.16 所示的板式换热器。

为测试换热效果，搭建了如图 2.17 所示的换热器测试台。

根据 20kW 发电单元的设计工况设置热侧气体流量、冷侧气体流量、热侧气体温度、保温棉厚度为变量，通过 JMP 软件设计定制实验，如表 2.23 所示。结果显示，在 700～800℃工况条件下，高温板式换热器换热效率大于 80%，气体压降小于 3kPa，可以满足系统要求。

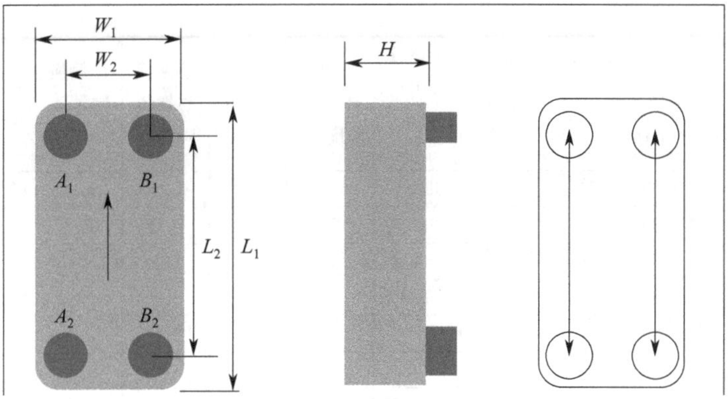

图 2.16　高温换热器示意图

图 2.17　换热器测试台架

表 2.23　换热器测试设计参数

序号	冷侧气体流量/(L/min)	热侧气体流量/(L/min)	热侧气体温度/℃	保温棉厚度/层	冷侧气体出口温度/℃	热侧气体出口温度/℃	换热器外层温度/℃	热侧换热器压降/kPa	冷侧换热器压降/kPa	热量交换效率	热效率
1	600	1186.89	850	3	741.8	274	88	4.8	1.3	60.8%	86.7%
2	1600	1186.89	775	0	535.1	39	134	2.3	3.5	91.1%	69.1%
3	600	1186.89	700	0	515.4	152	376	3.7	0.9	43.9%	71.9%
4	1600	1186.89	812.5	3	632	38	57	2.5	3.9	103.7%	78.8%
5	1100	1186.89	737.5	3	662.3	75	46	3.4	2.9	88.1%	89.8%
6	1100	1186.89	775	1	683.1	63	176	3.4	2.7	84.6%	87.9%

续表

序号	冷侧气体流量/(L/min)	热侧气体流量/(L/min)	热侧气体温度/℃	保温棉厚度/层	冷侧气体出口温度/℃	热侧气体出口温度/℃	换热器外层温度/℃	热侧换热器压降/kPa	冷侧换热器压降/kPa	热量交换效率	热效率
7	1600	1186.89	850	1	656.6	40	74	2.5	3.8	103.0%	77.8%
8	1100	1186.89	775	2	696.3	73	69	3.5	2.8	87.6%	89.8%
9	1350	1186.89	700	0	514.7	37	191	2.5	2.8	82.4%	73.4%
10	1600	1186.89	700	2	559	38	28	2.3	3.5	107.1%	80.3%
11	600	1186.89	850	0	595.7	176	420	3.9	0.9	47.9%	80.0%
12	600	1186.89	775	2	699.1	248	85	4.4	1.2	52.7%	75.8%
13	1100	1186.89	775	1	683.3	62	168	3.3	2.6	86.7%	89.1%
14	600	1186.89	700	3	643.4	223	53	4.1	1.1	64.0%	90.9%
15	1100	1186.89	850	2	742.4	69	68	3.6	2.9	83.9%	87.2%
16	1217.07	1186.89	800	3	692.8	71	50	3.2	3.2	92.6%	87.7%

表 2.24 为按照设计参数进行换热器测试的结果，通过 JMP 软件对测试结果进行分析，通过优化、结合实际应用，讨论模型验证的试验条件后进行实验测试，并与模型预测结果进行比较。换热器基本满足选型设计要求，虽然模型预测与实际测试结果有差异，但是在接受范围内。可通过建立的数学模型，结合运行实况，调整换热器两侧气体流量，提高 SOFC 电堆高温尾气的热量利用率。

表 2.24 换热器测试结果

试验序号	热侧进气流量/(L/min)	冷侧进气流量/(L/min)	热侧进气温度/℃	保温棉厚度/层	预测值-冷侧气体出口温度/℃	预测值-热侧气体出口温度/℃	测量值-冷侧气体出口温度/℃	测量值-热侧气体出口温度/℃	误差-1/%	误差-2/%
1	1186.9	1131	775	2	701	66	702	74	0.1	12
2	1186.9	900	750	2	694	115	692	126	−0.3	10
3	1186.9	1285	800	2	701	46	698	48	−0.4	4
4	1186.9	1217.1	775	2	693	53	689	57	−0.6	8

2.5 尾气燃烧器

2.5.1 尾气纯氧燃烧器

SOFC 电堆阳极尾气中含有未完全反应的可燃气体，需要进行处理，将未

反应的 H_2 和 CO 燃尽，使得尾气中的干燥基 CO_2 浓度高于 95%，以完成 CO_2 高效率捕集。通过文献调研和讨论，选择了纯氧燃烧技术路线，并开发纯氧燃烧器设备。

SOFC 电堆尾气主要成分包括 CO、H_2、H_2O 和 CO_2。其中可燃组分体积约占 20%，水蒸气约 25%，其余为 CO_2 和 N_2 等惰性气体，尾气热值极低。经纯氧燃烧后烟气成分主要由 H_2O、CO_2 和 CO 组成。根据 SOFC 电堆尾气特点，完成了 10kW 级尾气纯氧燃烧 CO_2 捕集中试装置系统设计和 10kW 级 IGFC 尾气纯氧直接燃烧燃烧器开发。

系统工艺设计利用 chemkin 商业软件中全混流反应器模型耦合详细合成气化学反应机理模型进行工艺计算。由于尾气中水蒸气含量较高，对明火燃烧有明显抑制作用，尾气直接点燃、稳定燃烧比较困难。因此，尾气需经过冷凝除水，将尾气中的水蒸气含量降低，以便在燃烧器中稳定燃烧。计算了不同尾气进气温度和含水量条件下，当量纯氧燃烧绝热火焰温度，结果如表 2.25 所示。结果表明，当尾气体积含水量为 8%时，尾气进气温度约 42℃，当量绝热火焰温度约 1700K，点火、稳焰可持续进行，系统工艺流程具有实用性，此时理论烟气中 CO_2 浓度超过 98%。

表 2.25　10kW 级尾气纯氧燃烧 CO_2 捕集装置系统工艺计算

项目	CO 摩尔分数	H_2 摩尔分数	H_2O 摩尔分数	CO_2 摩尔分数	流量 /(m^3/h)	进气温度 /℃	绝热火焰温度/K	干燥排气 CO_2 浓度
合成气尾气	0.081	0.136	0.261	0.522	2.776	76.6	1018	0.8575
干尾气	0.110	0.184	0.000	0.706	2.052	—	1702	0.9825
脱水尾气	0.101	0.169	0.080	0.650	1.418	41.5	1682	0.9852
	0.099	0.166	0.100	0.636	1.448	45.8	1609	0.9859
	0.088	0.147	0.200	0.565	1.629	60	1517	0.9880
	0.077	0.129	0.300	0.494	1.861	69.1	1410	0.9894
	0.066	0.110	0.400	0.424	2.175	75.9	1304	0.9897

根据计算结果，系统工艺设计如图 2.18 所示。尾气冷却至 41.5℃，进入纯氧燃烧器进行直接燃烧处理，合格烟气脱水后进行捕集。

燃烧器采用燃料和氧气双旋流机构进行稳焰，保证掺混效果，形成足够回流区，保证火焰根部温度，稳定火焰。燃料喷嘴顶部形成钝体，以扩大回流区范围。设置稳焰锥碗，确保火焰稳定性。10kW 工况下，燃料设计气速约

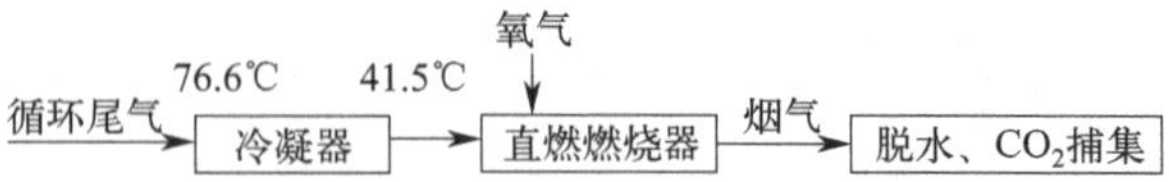

图 2.18 10kW 级尾气纯氧燃烧 CO_2 捕集装置系统工艺设计

35m/s，氧气设计气速约 12m/s，避免发生回火保证使用安全性。火焰筒约为火焰长度 5～6 倍，保证足够停留时间。火焰筒外侧设置强制对流空气冷却夹套，控制火焰筒壁面在安全使用温度条件下。10kW 级 IGFC 尾气纯氧直接燃烧燃烧器实物图如图 2.19 所示，10kW 级尾气纯氧燃烧 CO_2 捕集中试装置实物图如图 2.20 所示。

图 2.19 10kW 级 IGFC 尾气纯氧直接燃烧燃烧器实物图

基于燃烧器设计，针对系统装置运行中可能出现的燃料利用率、合成气组分以及电负荷变化，开展不同工况下的模拟验证计算。尾气计算工况设定如表 2.26 所示。

图 2.20　10kW 级尾气纯氧燃烧 CO_2 捕集中试装置实物图

表 2.26　阳极单程通过尾气工况

单程利用率	86.20%	86.20%	80%	80%
进料合成气 H_2/CO	1.68	2	1.68	2
进料添加水蒸气/(kmol/h)	0.038	0.03389	0.038	0.03389
燃料电池电堆进口水碳比	1	1	1	1
脱水温度/℃	41.5	41.5	41.5	41.5
压力(绝对)/MPa	0.10	0.10	0.10	0.10
尾气质量流量/(kg/h)	1.74	1.56	1.73	1.55
尾气摩尔分数				
H_2O	0.0609	0.0609	0.0609	0.0609
N_2	0.0218	0.0236	0.0200	0.0214
H_2	0.1970	0.2189	0.2605	0.2868
CO	0.0686	0.0683	0.0911	0.0898
CO_2	0.6512	0.6279	0.5672	0.5409
空气	0.0003	0.0004	0.0003	0.0003
CH_4	0.0000	0.0000	0.0000	0.0000

火焰筒外壁面设置 50W/m^2 对流换热系数。为保证 CO 充分燃烧，O_2 均过量 5%；若过氧量超过 5%，则尾气中 O_2 浓度过高，降低了燃烧烟气中 CO_2 浓度，不利于 CO_2 的高浓度捕集。模拟计算采用 CFD RANS 计算方法、realizable κ-ε 湍流模型、EDC 燃烧反应模型耦合详细合成气化学反应机理、DO 辐射模型进行计算。压力-速度解耦采用 Presto 方法、Simple 算法、二阶迎风格式。计算域结构及非结构化网格约 200 万。

选取具有代表性的温度以及合成气燃烧重要中间产物·OH 计算结果云图作为参考数据，CFD 计算结果如图 2.21～图 2.25 所示。结果显示，现有的燃烧器结构设计可以在电堆系统的所有负荷范围条件内正常运行，燃烧稳定，火焰形态正常，未出现回火和火焰抬升等现象。当系统燃料利用率在 80%左右时，火焰峰值温度约 1800K；系统燃料利用率 86%时，火焰峰值温度约 1500K。在缺少冷却手段、较低燃料利用率条件下，燃烧器温度接近材料温度极限，长时间使用会影响燃烧器使用寿命，燃烧器可能出现烧毁现象。因此系统在长时间较低燃料利用率条件下运行时，不宜使用纯氧燃烧器。

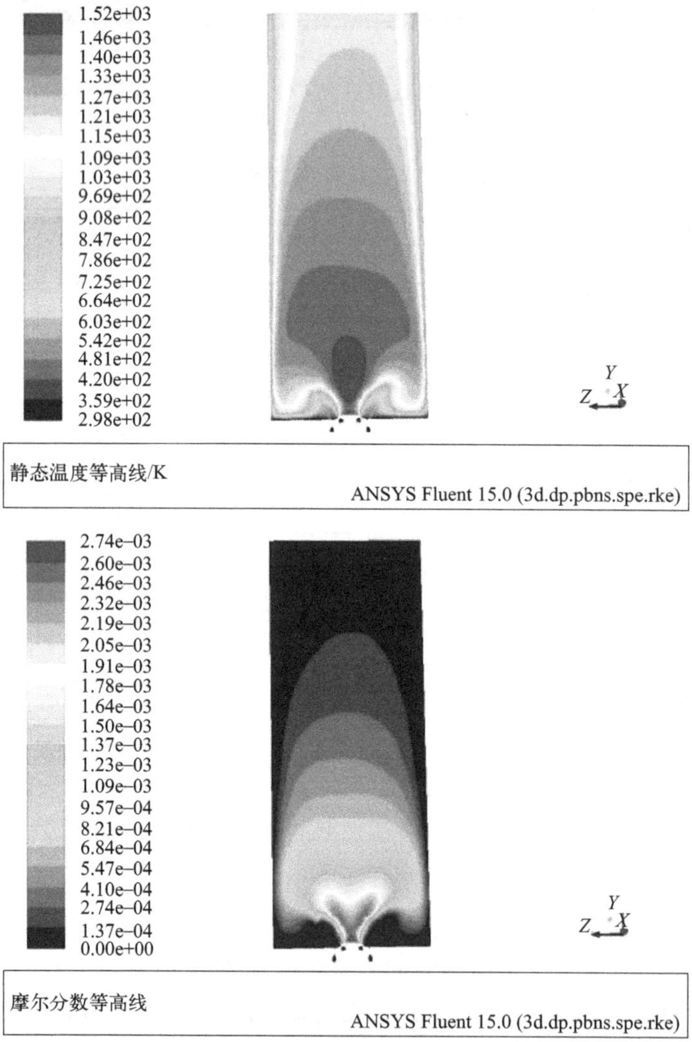

图 2.21　10kW H_2/CO=2.0 燃料利用率 86%

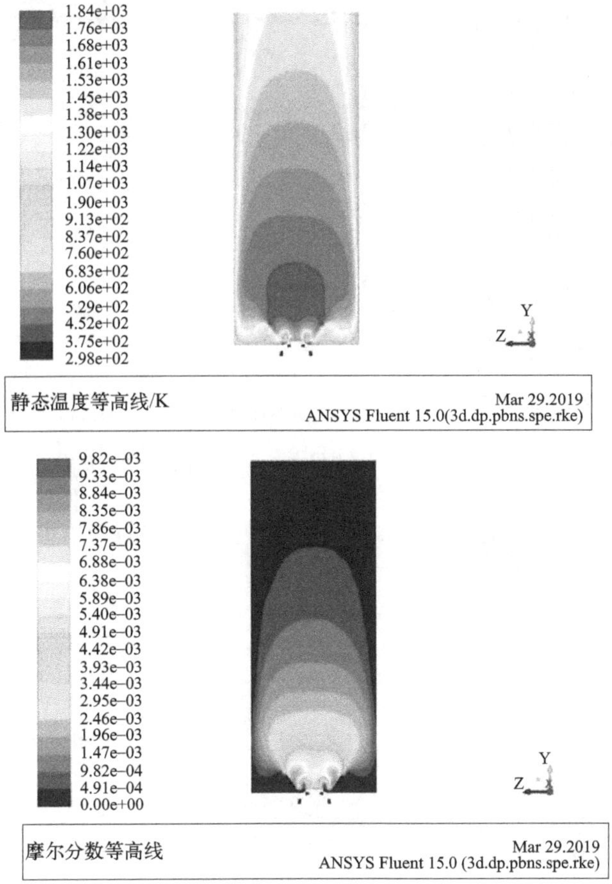

图 2.22 10kW H_2/CO=2.0 燃料利用率 80%

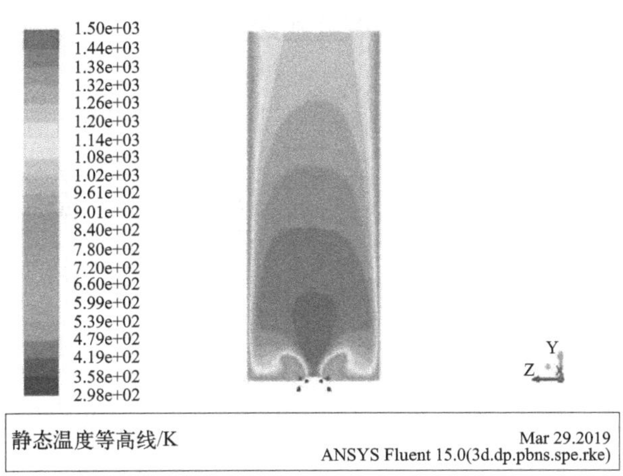

图 2.23

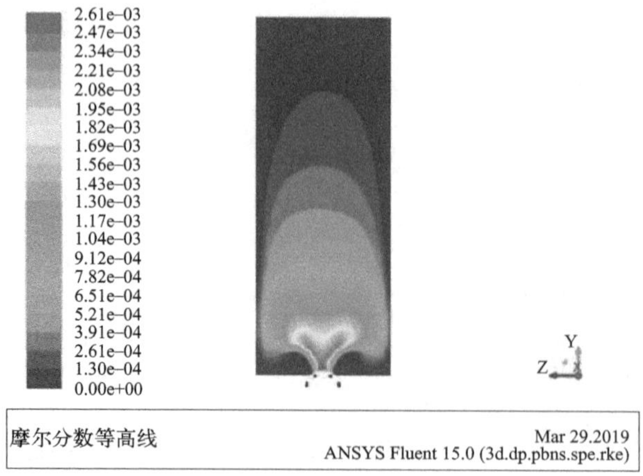

图 2.23 10kW $H_2/CO=1.68$ 燃料利用率 86%

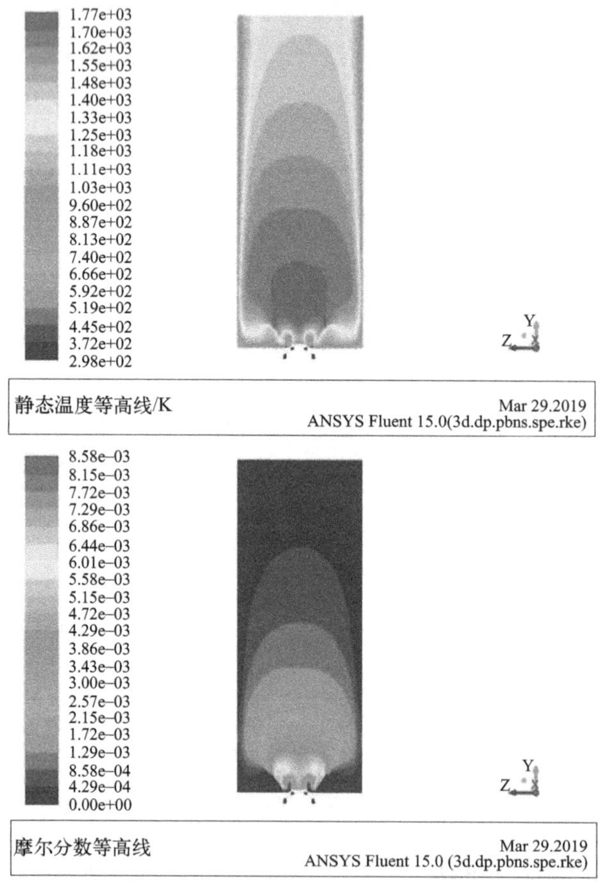

图 2.24 10kW $H_2/CO=1.68$ 燃料利用率 80%

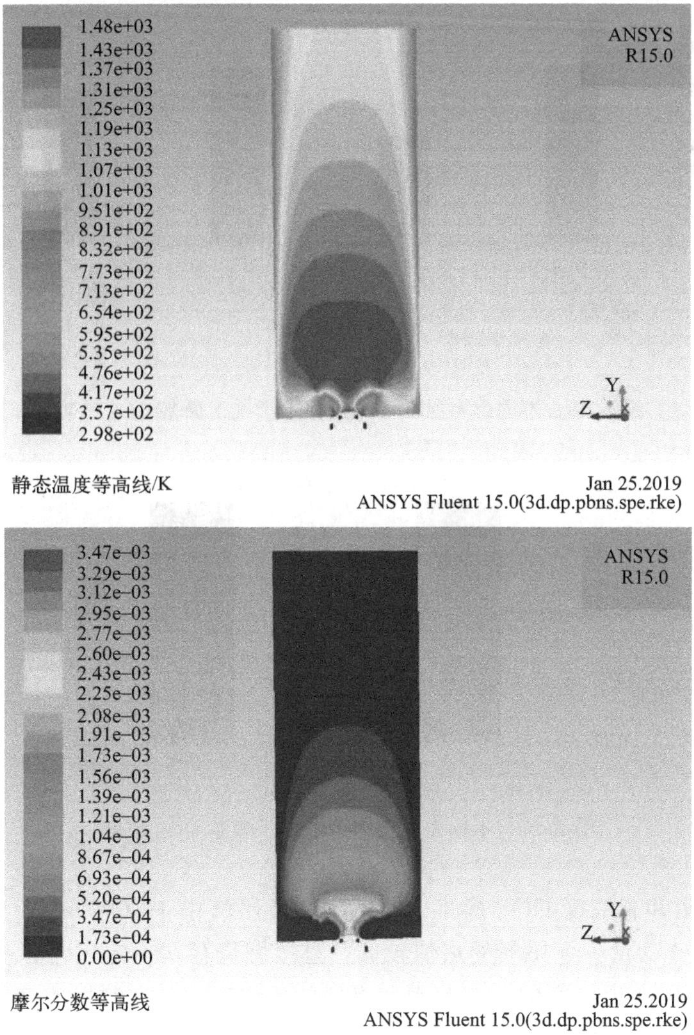

图 2.25　5kW $H_2/CO=2.0$ 燃料利用率 86%

取燃烧器出口烟气组分结果进行对比分析，结果如图 2.26 所示。结果表明，在各种工况条件下，燃烧器对尾气的处理效果均可以满足设计要求，即烟气中干燥基 CO_2 浓度高于 95%（图 2.27）。

2.5.2　尾气催化燃烧器

燃料电池燃料利用率一般不超过 85%，尾气中含有一定比例未充分反应的气体，因此需要通过充分燃烧或返回到燃料电池单元入口进行循环，从而实

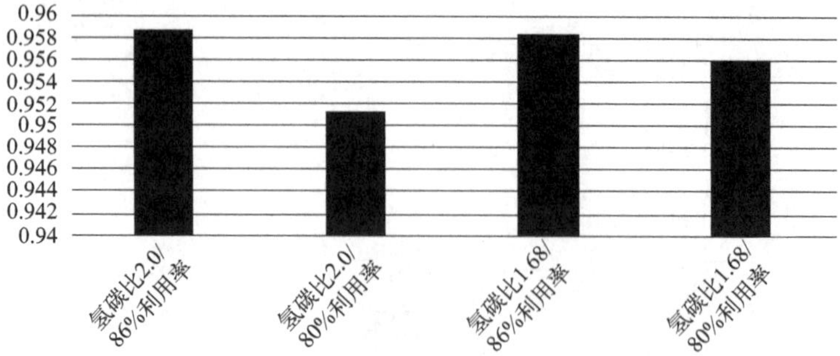

图 2.26　不同燃料组分和利用率下烟气干燥基 CO_2 浓度

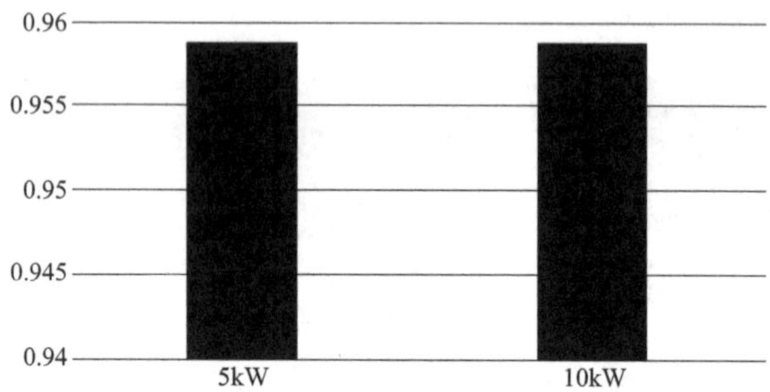

图 2.27　不同发电功率下烟气干燥基 CO_2 浓度

现 CO_2 富集和高浓度 CO_2 捕集。SOFC 阳极尾气中 H_2O 和 CO_2 含量很高，而 H_2 和 CO 含量少，尾气的热值较低，直接燃烧存在一定困难，催化燃烧利用催化剂可以实现更宽的可燃范围和更低的反应温度，在贫燃或富氧条件下均可进行氧化反应，适用于 SOFC 阳极尾气处理。

表 2.27 为典型的阳极尾气成分组成，基于该气体组成设计了如图 2.28 所示的 SOFC 尾气催化燃烧实验系统。其中 CO、H_2、N_2、CO_2 和 O_2 通过质量流量计进行流量控制，液态 H_2O 由注射泵控制流量，通过管道沿程的伴热带实现气化和温度控制，并与其他气体充分混合后通入管式程序升温加热炉进行预热。电炉后端至燃烧器间的管道利用加热带实现加热及保温，通过调节管式炉及加热带的温度获得合适的燃烧器进口温度，用电火花进行点火。气体点燃并稳定燃烧后，通过固定在火焰外焰的 K 型热电偶测得燃烧温度，并用红外热像仪拍摄火焰图像得到温度分布图，燃烧后的尾气通入气相色谱仪进行分析与检测，获得尾气成分并计算燃料成分 CO 和 H_2 的转化率。

表 2.27　SOFC 尾气组成

尾气组成	摩尔比例	
	脱水前	脱水后
H_2O	53.30%	—
N_2	1.12%	2.4%
O_2	0.03%	0.06%
H_2	8.57%	18.35%
CO	5.09%	10.9%
CO_2	31.89%	68.29%

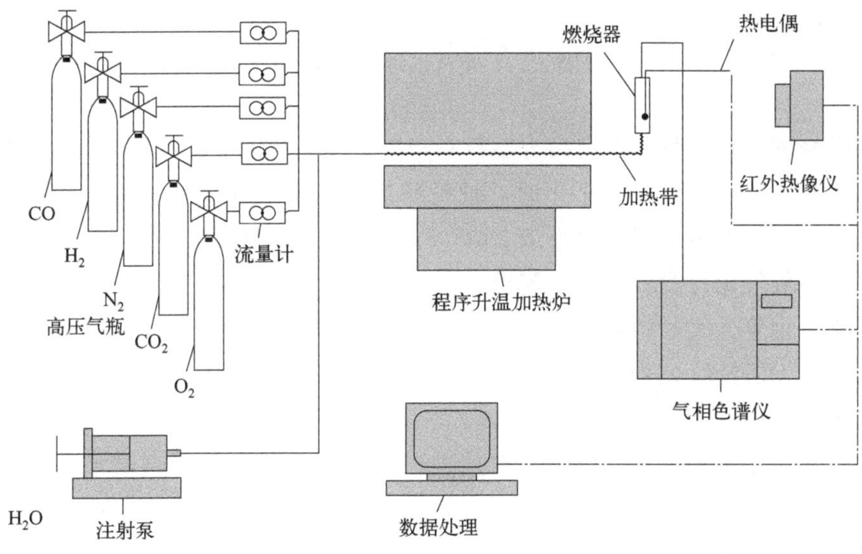

图 2.28　SOFC 尾气催化实验系统图

纯氧催化燃烧催化剂种类较多，采用商业三元催化剂作为催化媒介，并探究了一段催化和分段催化的效果，通过与尾气直接燃烧对比，分析催化燃烧效果。尾气燃烧器示意图如图 2.29 所示，其中（a）为直燃燃烧器，可燃气体在内径为 3mm 的不锈钢管口直接点燃并稳定燃烧；（b）为三元催化剂的一段催化燃烧器，燃烧室内径为 20mm，催化剂长度为 10m；（c）为分段催化燃烧器示意图，催化剂段燃烧室内径为 20mm，每段催化剂长度为 5mm。

SOFC 尾气未脱水状态下，尾气温度约 275℃。基于表 2.27 中 SOFC 尾气组分，测试了入口温度为 275℃，当量比分别为 1.0、0.9 和 0.8 的工况下

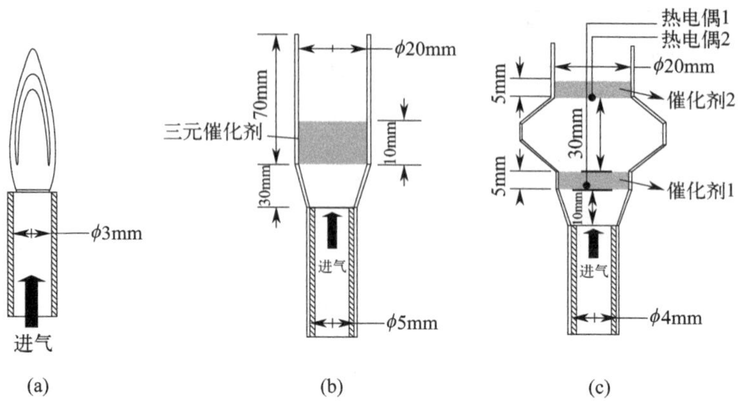

图 2.29 尾气燃烧器示意图

直接燃烧情况。当量比的定义为燃料完全燃烧理论所需要的氧气量与实际供给的氧气量之比。当量比大于 1 时，理论所需要的氧气量大于实际供给的氧气量，即氧气量不足；当量比小于 1 时，理论所需要的氧气量小于实际供给的氧气量，即氧气量过剩；当量比等于 1 时，理论所需要的氧气量与实际供给的氧气量刚好相等。实验结果表明在这 3 个工况下，经电火花点火，均无法形成稳定火焰，无法持续燃烧。说明对于 SOFC 尾气这类可燃组分比例较低的气体，直接燃烧存在一定困难。

三元催化剂未脱水一段催化燃烧进口温度和当量比的影响结果如图 2.30 和图 2.31 所示。随着进口温度从 185℃升高至 275℃，壁面温度和燃烧温度均上升，壁面温度由 296℃升至 345℃，燃烧温度由 556℃上升至 630℃[图 2.30(a)]，说明进口温度的提高有助于三元催化剂的催化燃烧。但是随着进口温度的升高，燃烧温度上升的幅度逐渐减小，说明进口温度上升对于燃烧的促进作用降低。H_2 和 CO 的转化率随着进口温度升高也逐渐增加，其中 H_2 转化率一直维持在 90%以上，CO 的转化率从 80%上升至 95%[图 2.30(b)]，说明在该反应温度范围内，随着反应温度的上升，三元催化剂的催化活性增加，且三元催化剂对于 H_2 催化反应的选择性更高。随着当量比由 0.8 增加至 1.0，氧气量由过量慢慢变为等量。在原料气空速（即总流量）相等的情况下，当量比从 0.8 增加至 1.0，意味着原料气中燃料的比例增加，氧气的比例降低。由于氧气浓度越高越有利于燃烧，原料气中燃料的比例增加，氧气的比例降低使得气体的燃烧更加困难，因此随着当量比的增加，燃烧温度下降。由于当量比的变化不大，因此燃烧温度的降低程度较小。由于壁面温度为燃烧温度传导至壁面产生的温度效应，壁面温度也随着燃烧温度的降低而降低。从图 2.30(b) 的结果可以得知，温度下降会降低 H_2 和 CO 的转化率；同时由于 H_2O 和 CO_2 为 H_2 和 CO 与氧气反应的产物，原料气中氧气比例的下降，对 H_2 和 CO 的氧化反应产生负面影响。因此综合以上两个原因，H_2 和 CO 的转化率也略有下降。出口组分中 CO_2 的体积分数占比与多种因素相关，比如 H_2 和 CO 的转化率和其他气体的含量等。相同条件下，H_2 和 CO 的转化率越高，出口气体中 H_2 和 CO 含量越少，且出口中 CO_2 越多；如果原料气中氧气含量越多，虽然更有利于 H_2 和 CO 的氧化，但是剩余的氧气量也越多，稀释了出口的 CO_2，降低了出口组分中 CO_2 的体积分数。因此当量比对于出口组分中 CO_2 的体积分数是一个综合的影响，可能存在最优值。根据图 2.31(c) 的结果，当量比大于 0.9 时，出口组分中 CO_2 的体积分数在 90%以上，说明在实验中所取的几个实验点下，当量比越大越有利于提高出口组分中 CO_2 的体积分数。

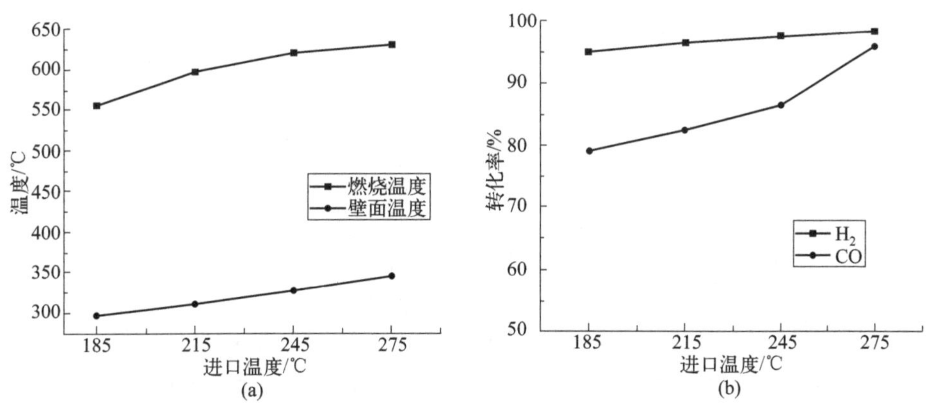

图 2.30　进口温度对三元催化剂一段催化燃烧未脱水尾气的影响

为探究三元催化剂催化 SOFC 尾气的稳定性，基于优化后 SOFC 未脱水一段燃烧工况，即进口温度 275℃、当量比为 1.0，进行了 168h 的长时间稳定性实验。催化剂温度和催化后尾气中 CO_2 含量随时间变化的曲线分别如图 2.32 和图 2.33 所示。从图 2.32 可以发现，前 20h 催化剂的温度有一些波动，100h 之后催化剂的温度逐渐上升并保持了相对稳定，稳定在 720℃左右。温度高一方面可以提高催化剂的反应活性，有利于获得较高的转化率和出口 CO_2

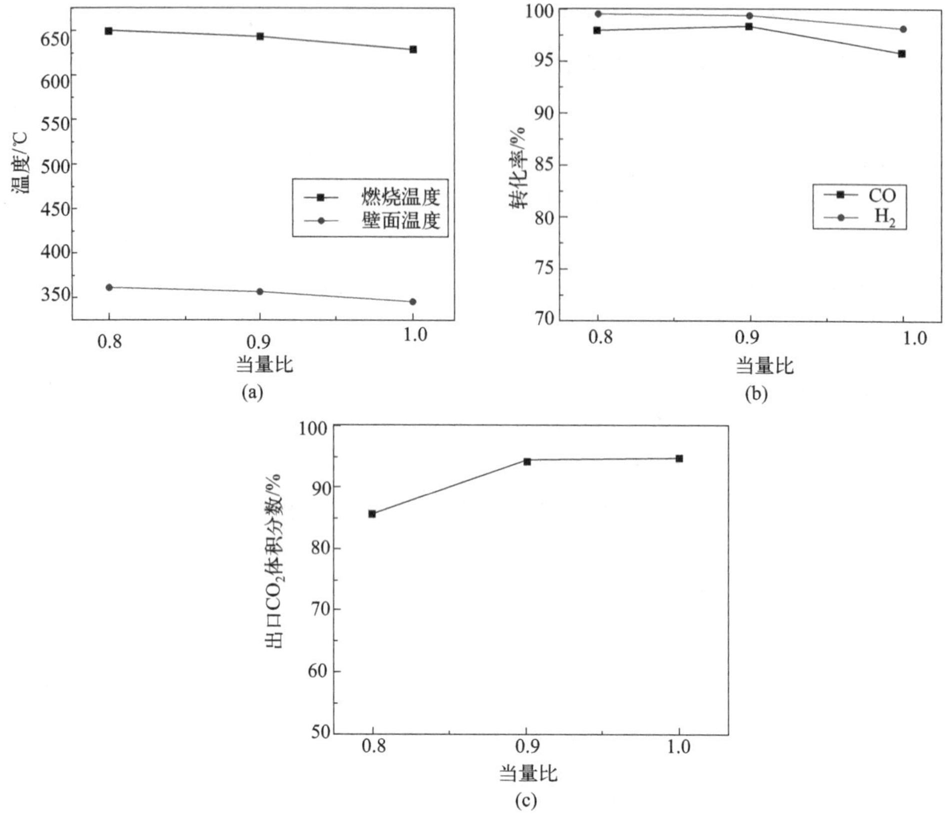

图 2.31　当量比对三元催化剂一段催化燃烧未脱水尾气的影响

含量；但另一方面也可能加速催化剂的衰减，导致催化剂烧结等问题。稳定时催化剂温度虽然较高，但是仍然在三元催化剂的工作温度范围内。图 2.33 展示了在该温度下，催化反应后尾气中 CO_2 含量变化图。虽然温度前 20h 有一些波动，但是尾气中 CO_2 含量一直保持相对稳定，稳定在 92%左右。可以计算得到 H_2 转化率在 90%左右，CO 转化率在 85%左右。经过 168h，催化剂温度和尾气中 CO_2 含量仍然维持稳定，体现了商业三元催化剂基于催化燃烧转化 SOFC 尾气的稳定性及可行性。

在一段催化燃烧的基础上，通过反应器优化设计与构建，开展了二段催化燃烧实验。二段催化将一段催化时使用的催化剂分为均等的两份，将催化反应在空间上分为两个阶段。基于轴向温度分布以及进口温度变化，比较了三元催化剂一段催化及二段催化未脱水 SOFC 尾气的效果差异。一段催化与二段催

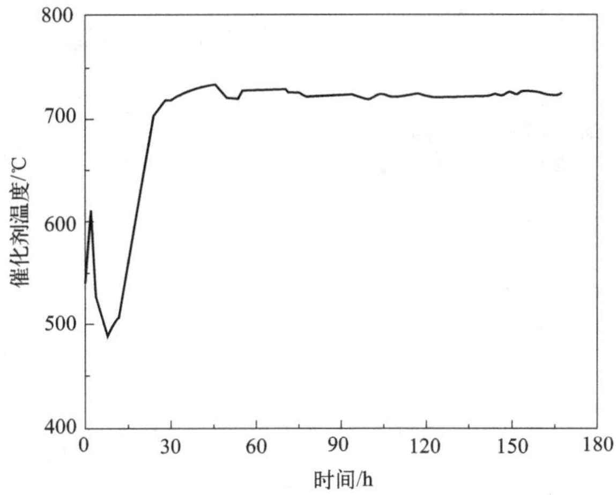

图 2.32　168h 内催化剂温度变化图

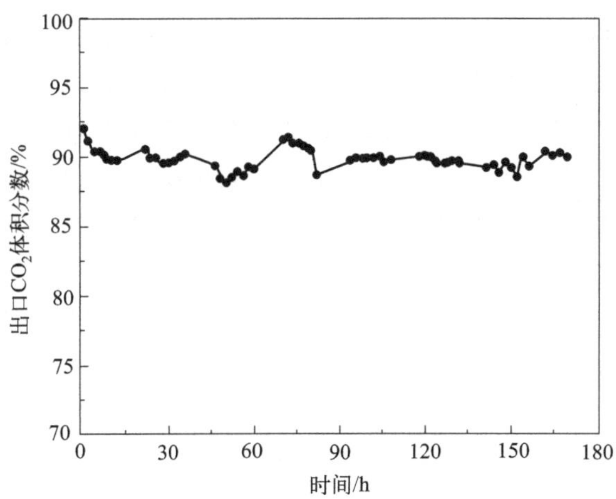

图 2.33　168h 内催化燃烧后尾气中 CO_2 含量变化图

化时燃烧器壁面中心线的温度分布如图 2.34 所示，反映了三元催化剂一段催化 SOFC 尾气和二段催化在反应温度上的差异。相比一段催化，二段催化时燃烧器壁面高温峰出现得更早，且峰值温度更低；在第二段催化剂处二段催化有明显的温度升高，说明第二段催化剂也发生了氧化反应，相当于可燃成分（H_2 和 CO）的补燃，但是由于可燃成分比第一段催化剂处少，反应温度也相较第一段催化剂更低。

进口温度对三元催化剂二段催化燃烧 SOFC 未脱水尾气的影响如图 2.35

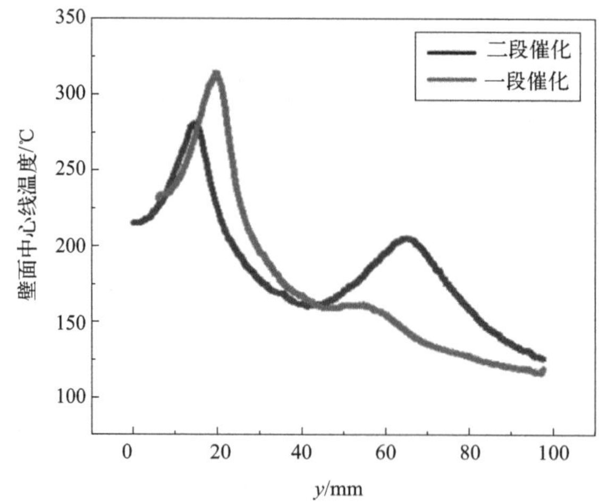

图 2.34 三元催化剂一段催化与二段催化燃烧的温度比较

所示。随着进口温度由 200℃上升至 275℃时，第一段和第二段催化剂的温度均上升，但是增加的幅度都很小，第二段催化剂相比第一段催化剂的增加幅度稍大一些，见图 2.35(a)。与一段催化规律类似，随着进口温度的上升，H_2 和 CO 转化率均上升，其中 CO 转化率受温度的影响依然较大，进口温度的升高对于提高 CO 转化率具有明显的作用，见图 2.35(b)。

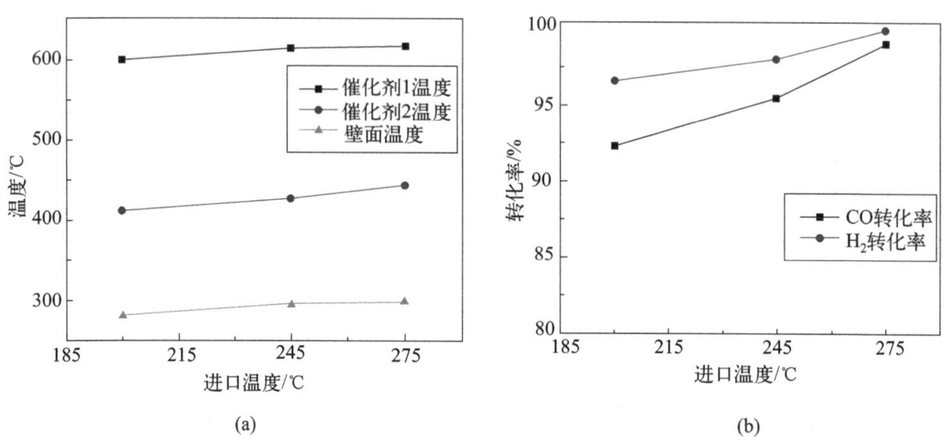

图 2.35 进口温度对二段催化燃烧 SOFC 未脱水尾气的影响

图 2.36 对比了一段催化与二段催化 H_2 和 CO 转化率的差异。二段催化

可以在较低的进口温度下，通过催化剂空间的布置优化，实现更高的 H_2 和 CO 转化率，其中 CO 转化率的提升最为明显。H_2 转化率的差异很小，均维持在高位，二段催化可以实现接近于 100%的 H_2 转化率。在催化剂用量相同的情况下，二段催化通过催化剂空间上的布置优化，实现了 H_2 和 CO 转化率的提升。

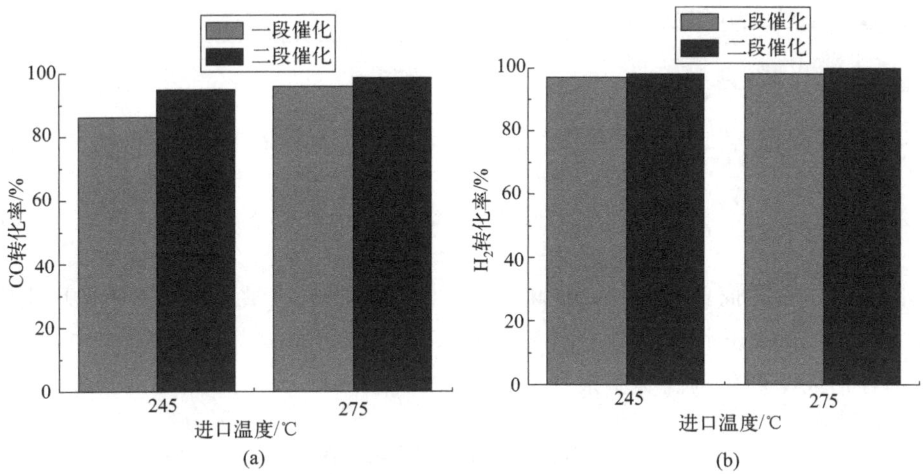

图 2.36　一段催化与二段催化下 H_2 和 CO 转化率比较

基于以上测试结果，对催化燃烧装置进一步放大，在空速 $5000h^{-1}$ 条件下，通过调节稀释比（尾气循环比）和给氧量（氧过量系数），测量催化剂床层的轴向温度分布，优化催化剂温度<1000℃、可燃尾气 H_2 转化率>95%、CO 转化率>95%、燃烧尾气中 CO_2>95%的燃烧工艺条件。

催化燃烧实验装置示意图如图 2.37 所示。气瓶流出的 CO、CO_2、H_2 由质量流量计控制计量，混合后进入燃烧器气体混合段；H_2O 由平流泵控制流量，经汽化器汽化后进入燃烧器气体混合段；O_2 经计量后单独进入燃烧器气体混合段。上述三股气体在燃烧器气体混合段混合均匀后，经预热段预热后到达燃烧器发生燃烧反应。燃烧器放置在卧式管式炉内，实现对燃烧器的预热与保温。燃烧器分成两部分：一部分与混合气体入口相连，实现对混合气体的预热，获得合适的入口温度；另一部分放入催化剂实现气体的催化燃烧，根据实验条件确定是否进行加热，燃烧后的尾气由燃烧器后端排出。燃烧器为内径 50mm 的不锈钢管，可装载催化剂的恒温区长度约 15cm。在燃烧器预热段和燃烧段分别设置热电偶测量床层温度。燃烧后的高温尾气进入冷凝器中冷凝，

除去其中的 H_2O 后分为两路：一路进入气相色谱仪中测量组成，计算燃料气体中 H_2 和 CO 的转化率；另一路接入放空管线放空。

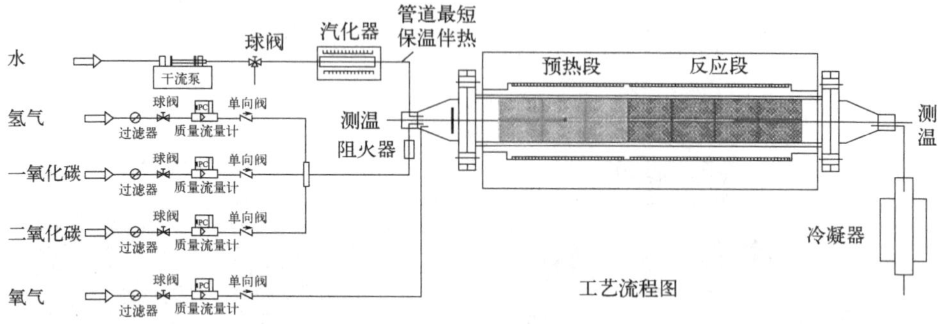

图 2.37 催化燃烧实验装置示意图

实验中选择商业化的三元催化剂，考察在不同氧过量系数和不同循环比情况下反应器的温升情况和燃烧尾气组成。催化剂选择直径 46mm、长 100mm 的圆柱形成型催化剂。实验条件见表 2.28。

表 2.28 催化燃烧实验条件

模拟尾气流量/(L/min)	氧过量系数 1		氧过量系数 1.05	
	循环比		循环比	
	0.3	0.6	0.3	0.6
H_2O	2.96	2.19	2.94	2.19
H_2	1.56	1.15	1.55	1.15
CO	0.91	0.68	0.91	0.68
CO_2	9.69	9.99	9.66	9.99
O_2	1.24	0.93	1.30	0.98

在不同实验条件下，催化剂中心轴向温度变化如图 2.38 所示。

由图 2.38 可见，在 4 种实验条件下，催化剂的最高温度均小于 1000℃，催化剂在实验时间内能够维持较高的活性，使其中的可燃气体得到燃烧转化。在可燃气体进入催化剂 1～2cm 后，床层温度开始下降，揭示出此时燃烧反应已基本结束。富氧燃烧时催化剂内温度较非富氧时高，但在实验条件下尚处于可控状态，对催化剂性能的影响不大。在尾气循环比为 0.6 时，催化剂床层的温度均在 800℃左右，处于三元催化剂的合理应用温度上限，虽然不至于使催化剂迅速失活，但是其长时间的使用寿命需要实验验证。建议增加尾气循环比，将催化剂床层的最高温度降低到 600℃附近，以维持催化剂的长周期运转要求。

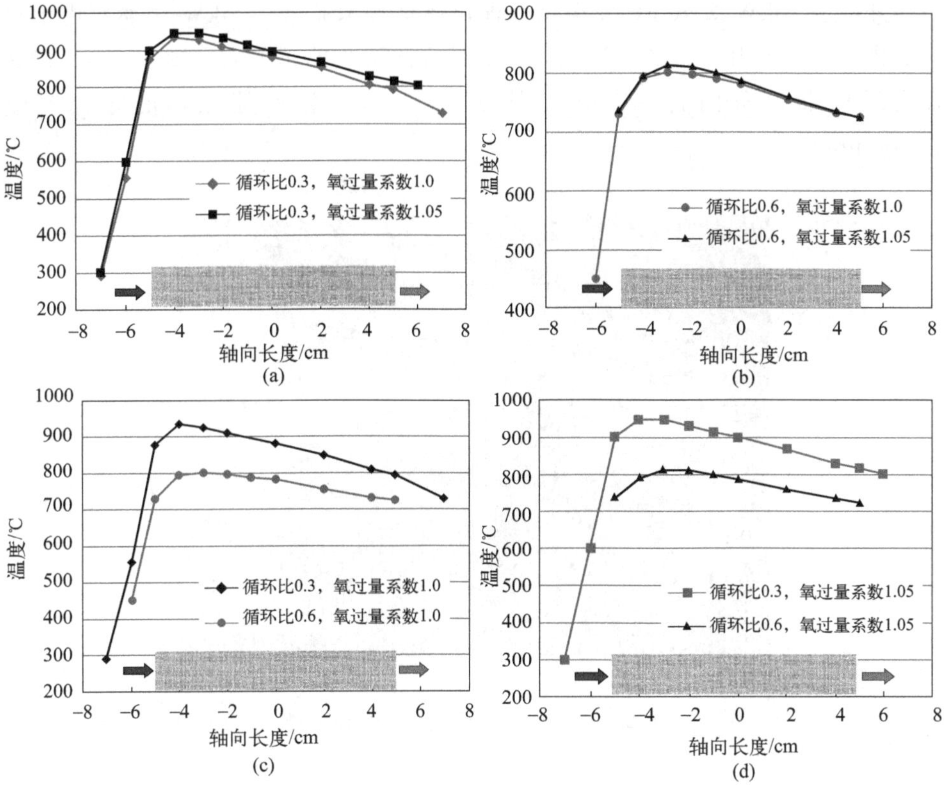

图 2.38　催化燃烧实验催化剂中心轴向温度分布

催化燃烧反应后燃烧尾气的组成见表 2.29。可见，燃烧尾气中尚有少量的 H_2 和 CO，其含量尚未达到直接排放的标准，需要进一步提高富氧量或者采用其他方式来提高可燃气体的燃尽率。尾气中 CO_2 的含量均大于 95%，达到了对尾气 CO_2 含量的要求。因燃烧尾气的总流量不能精确测量，故燃烧过程中 H_2 和 CO 的转化率只能进行估算，二者的转化率均大于 95%，满足技术要求。

表 2.29　催化燃烧反应后燃烧尾气的组成

成分	循环比 0.3		循环比 0.6	
	氧过量系数 1.0	氧过量系数 1.05	氧过量系数 1.0	氧过量系数 1.05
H_2/%	0.678	0.385	0.386	0.153
CO/%	0.269	0.675	0.232	0.446
O_2/%	1.27	1.191	0.902	0.538
CO_2/%	97.77	97.749	98.480	98.863

开展了20kW级IGFC发电尾气催化燃烧技术验证。20kW级燃料电池尾气催化燃烧装置由气路平台和催化燃烧反应器两个单元组成（图2.39），催化燃烧反应器设备内径150mm、长度1500mm，装入催化剂的量总高度为500mm。

图2.39 20kW级尾气催化燃烧装置

在进行20kW级发电尾气催化燃烧技术验证时，模拟不同的尾气工况，催化燃烧温度均可以控制在800℃以下，可以满足技术要求（图2.40）。

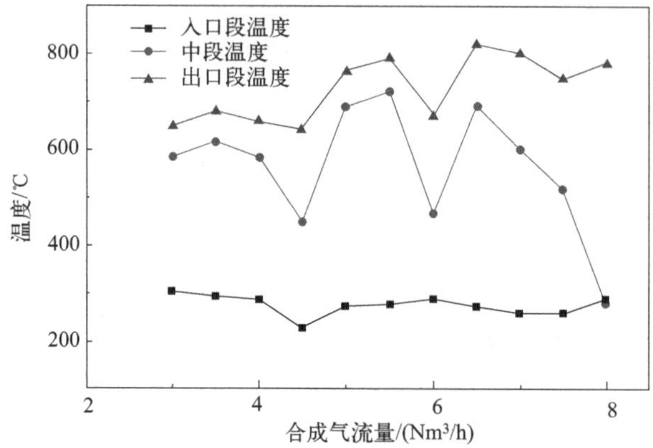

图2.40 不同气量下温度分布

在模拟尾气工况下，测量不同过氧量下 CO 转化率，在 5%过氧量条件下，尾气 CO 转化率达到 92%以上，可以实现 CO_2 富集（图 2.41 和图 2.42）。

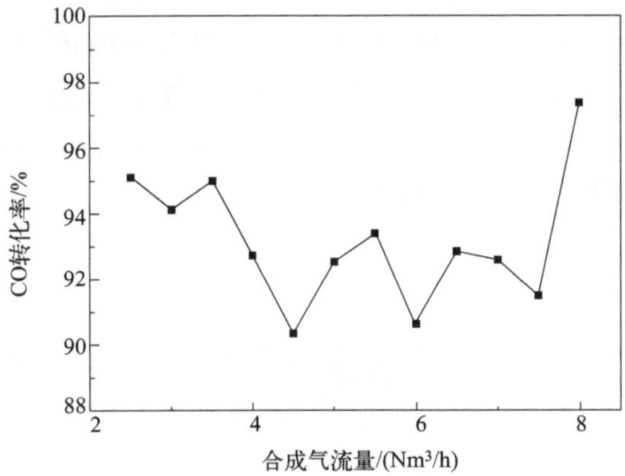

图 2.41 不同气量下 CO 转化率

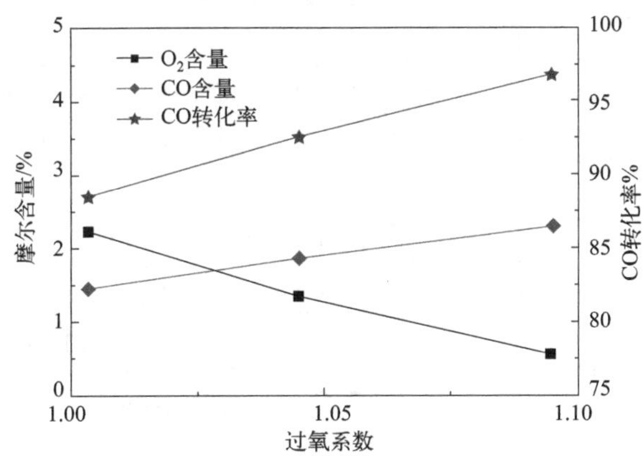

图 2.42 不同工况下 CO 转化率和残氧量

2.6 逆变并网技术

在自主研发的 5kW 级 IGFC 测试平台基础上，设计并制造了配套的逆变并网装置，构建了 5kW 级 SOFC 逆变并网发电系统并实施了技术验证：在氢气、合成气两种燃料气进料条件下分别进行了电力性能测试；在“并网不上网”模式下进行了 168h 长周期稳定性测试。

图 2.43 展示了 5kW 级 SOFC 逆变并网发电系统的全工艺流程，该发电系

统主要由气路处理模块、热箱模块、逆变并网装置三部分组成，气路处理模块主要功能为将一定温度、压力、流量的燃料气和空气输送至燃料电池电堆的阴阳极，利用换热器回收阴阳极出口高温尾气热量以提高系统热效率；热箱模块的核心是一个 5kW 级 SOFC 堆塔，该堆塔由四个电堆上下堆叠集成，四个电堆气路并联，电路串联，从气路处理模块来的燃料气和空气在电堆内部发生电化学反应并产生直流电能；逆变并网装置主要功能是将燃料电池输出的直流电转化为和电网电压及频率一致的交流电，将输出电能传送给电网或负载，并同时对燃料电池电力输出进行控制调节。

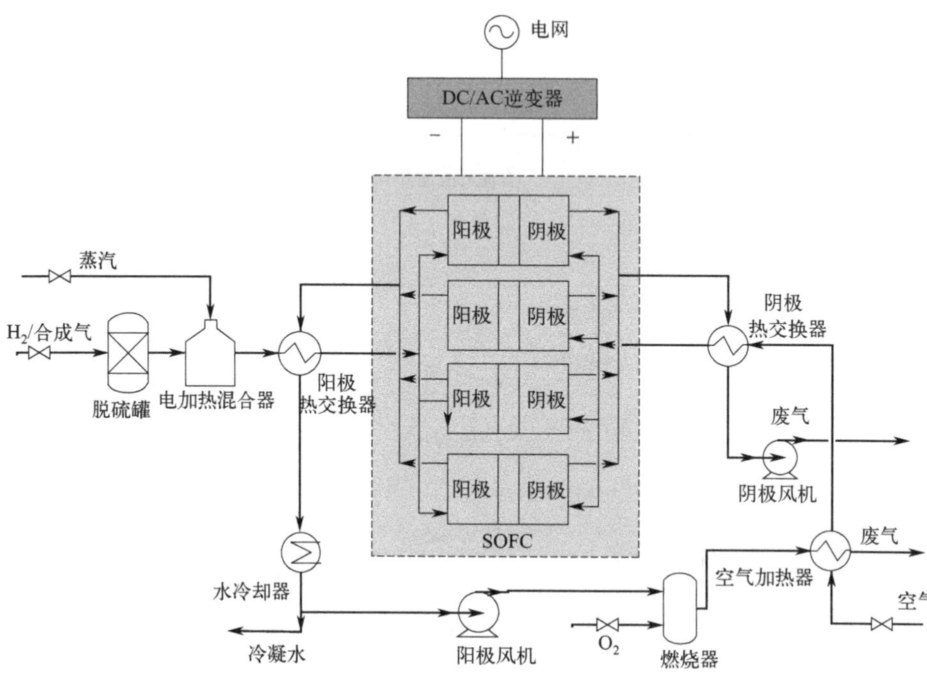

图 2.43　5kW 级 SOFC 逆变并网发电系统流程示意图

5kW 级 SOFC 堆塔具体的参数如表 2.30 所示。通过直流电子负载在燃料气体为氢气、合成气两种进料工况下对 SOFC 堆塔进行了电力性能拉载测试，获得了两种工况下的 *I-V* 曲线及相关测试数据；采用了一个直流可调式稳压电源来模拟 SOFC 堆塔的直流输出，直流稳压电源的电压范围为 0～260V，电流为 0～30A，可以完全覆盖 SOFC 堆塔的运行区间，有效替代 SOFC 堆塔功能并作为直流源接入逆变并网装置直流侧进行电力性能测试，以模拟验证逆变并网装置是否可以对 SOFC 的电力输出进行有效的控制。

表 2.30　5kW 级 SOFC 堆塔性能参数

单堆个数	4
堆塔电压输出范围	160～260V
堆塔电流输出范围	0～30A
堆塔功率输出范围	0～5kW
运行温度	700～800℃

5kW 逆变器并网改造方案基本确定后，开始逆变并网设备的采购选型。先选型确定逆变器、交流负载等的设备。修改并细化 5kW 逆变并网调试方案，气路安装完毕，现场开始手动调试电路，如图 2.44 所示。

图 2.44　5kW 逆变并网装置安装调试

氢气进料工况下，使用直流电源模拟 SOFC 输出的逆变并网发电系统电力性能曲线见图 2.45，逆变器交流拉载功率为 0～4.2kW 时，直流电源对应的直流输出功率为 0～4.6kW，电压 174～252V，电流 0～26.2A，逆变效率 92%～95%，图中逆变器交流电压即电网侧电压，电网侧电压不稳定，在 232～244V 之间有些许波动。合成气进料工况下，使用直流电源模拟 SOFC 输出的逆变并网发电系统电力性能曲线见图 2.46，在逆变器拉载功率为 0～2.1kW 时，直流电源输出功率为 0～4.5kW，电压为 169～234V，电流为 0～26.6A，逆变效率 91%～95%，逆变器交流电压在 236～239V 之间有轻微波动。

通过对测试数据进行分析，发现燃料电池或直流电源的直流电压对逆变器效率有比较大的影响，双方之间的关系如图 2.47 所示，忽略个别数据点波动，可以得出逆变器逆变效率随着直流侧电压的降低而降低的结论。为了验证燃料电池逆变并网发电系统的长期运行可靠性，进行了 168h 的长周期稳定性测试，在长周期测试过程中为了遵循测试场地管理方燃料电池发电系统不能向电网送电的规定，采用了“并网不上网”的运行模式。

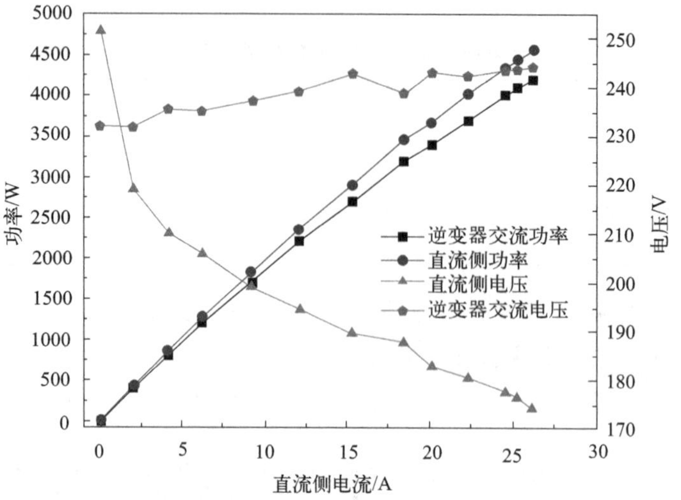

图 2.45 氢气工况下 SOFC 逆变并网发电系统电力性能测试曲线

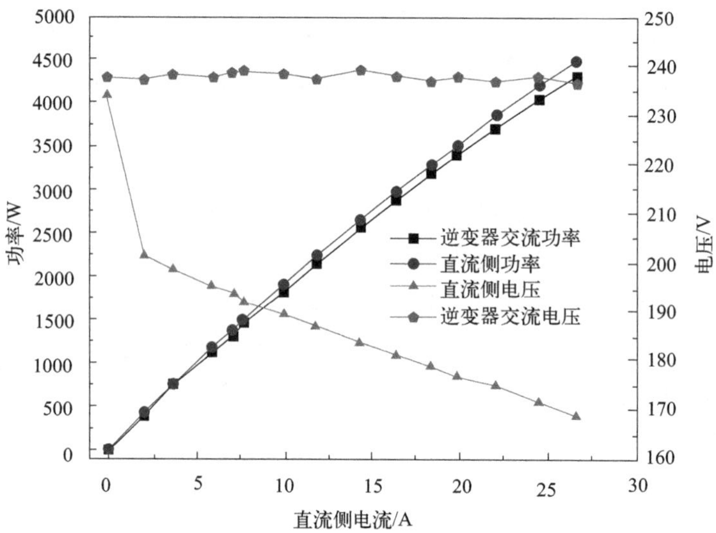

图 2.46 合成气工况下 SOFC 逆变并网发电系统电力性能测试曲线

如图 2.48 所示，在 168h 长周期测试过程中，通过 PLC 将逆变器输出功率设置并固定为 2.7kW，交流负载功率设置并固定为 3.1kW，由于电网侧电压波动，交流负载实际功率在 3～3.1kW 区间内波动，多功能电能表测得交流

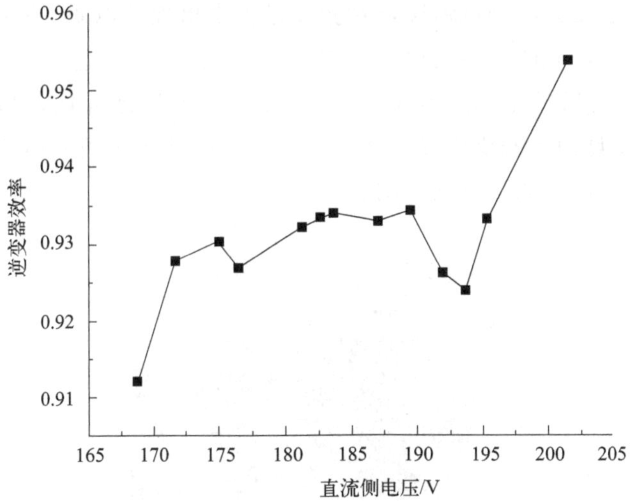

图 2.47　逆变效率与直流侧电压的关系

母线侧正向有功功率值为 0.3～0.4kW，指示系统确实处于“并网不上网”模式，即电网及燃料电池侧同时向交流负载送电；此阶段测得直流侧输出电压约为 190V，直流电流约为 15.5A，直流功率约为 2.95kW，逆变效率在 92%左右。168h 稳定性测试验证了燃料电池逆变并网发电系统长周期运行的可靠性及“并网不上网”运行模式的可行性。

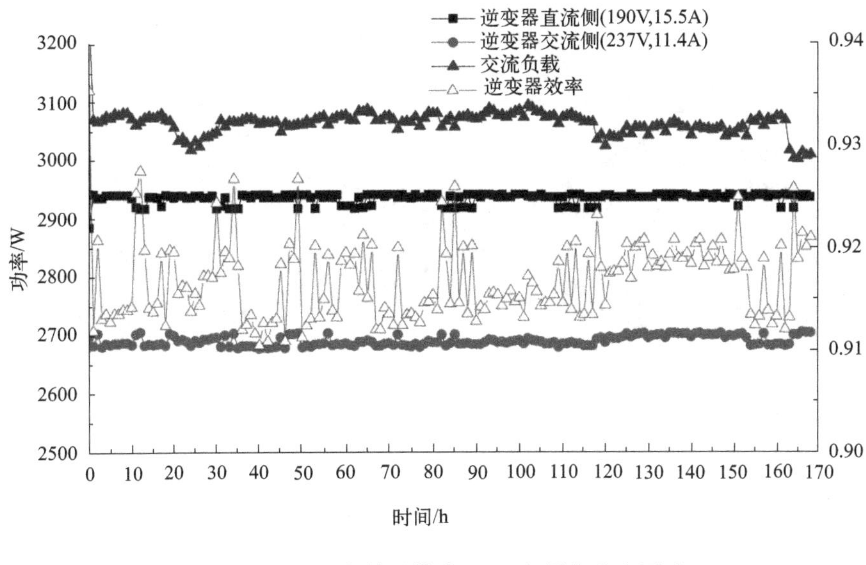

图 2.48　逆变并网模块 168h 长周期稳定测试

根据上述逆变并网测试情况，对测试过程中出现的逆变器短路和逆变器内部电容器小电流拉载的问题提出了改造方案，完成 5kW 电力并网装置的改造（图 2.49）。改造后的电力并网装置在氢气工况下拉载并网，恒功率运行约 45h，逆变器累计向电网供电 145kWh，验证了改造方案可行性和安全性以及长周期并网发电模式的可行性（图 2.50）。

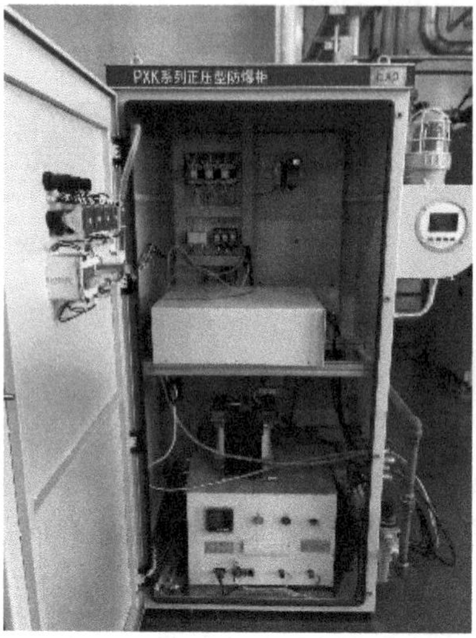

图 2.49 改造后的逆变并网装置

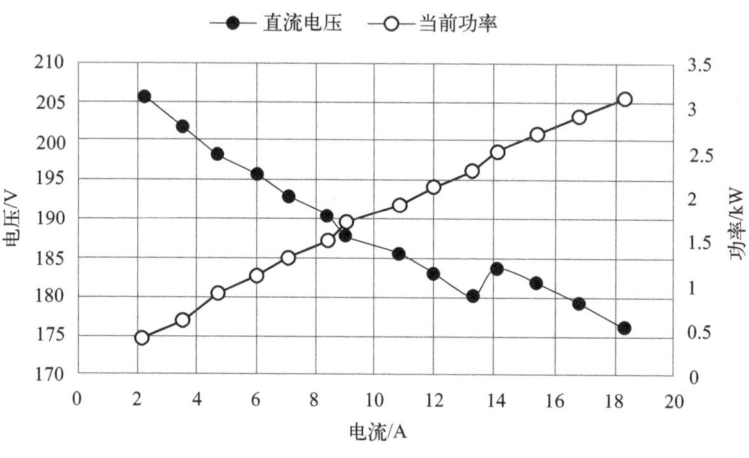

图 2.50 逆变并网改造后运行曲线

在此基础上，完成了 20kW 级 SOFC 发电单元电力并网柜设计优化及加工制造，并完成测试（图 2.51）。20kW 电力并网装置实物图如图 2.52 所示。

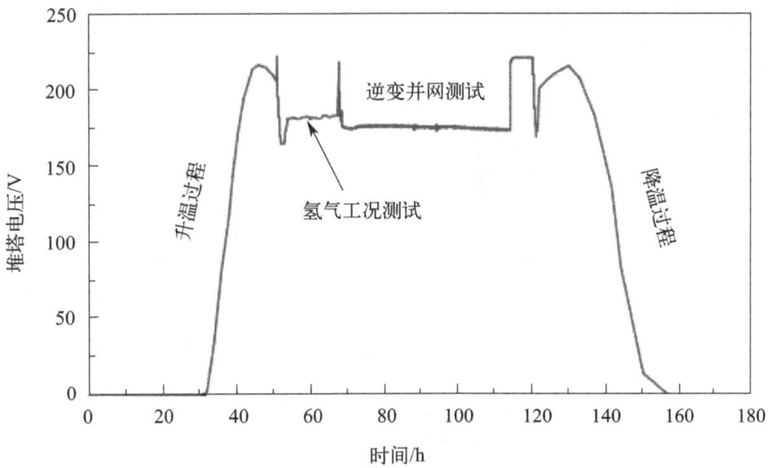

图 2.51　逆变并网测试

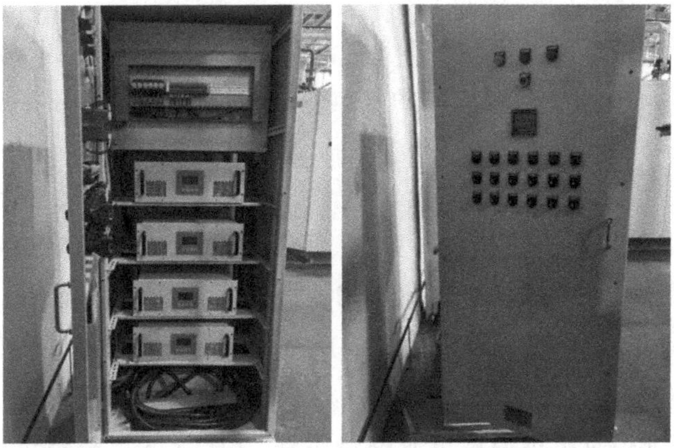

图 2.52　20kW 电力并网装置实物图

2.7　关键单元控制策略

IGFC 系统的煤气化净化单元技术已基本成熟，制约 IGFC 技术发展的主要瓶颈为燃料电池发电和尾气纯氧燃烧 CO_2 富集技术。良好的控制策略是实现 IGFC 系统稳定运转和性能指标的重要保障，高温燃料电池发电单元需要控制的主要参数为合成气燃料利用率和电堆温度，尾气纯氧燃烧单元需要控制的关键参数为燃烧尾气 CO_2 浓度和燃烧器温度，控制策略如图 2.53 所示。

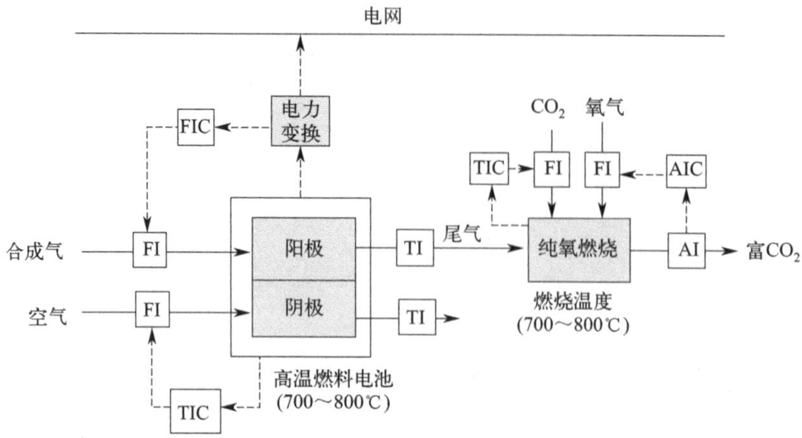

图 2.53　IGFC 系统发电单元关键参数控制策略

为了避免燃料电池阳极燃料不足导致氧化损坏，燃料利用率一般需要控制在 90%以下，同时为了获得较高的发电效率，燃料利用率需要控制在 80%以上。在一定发电功率工况下，燃料利用率通过调节阳极气体流量来控制。为了获得较高的发电效率和长周期运转性能，电堆工作温度一般控制在 700～800℃之间，温度控制比较复杂，受热量平衡影响，发电功率和阴极空气量密切相关，主要通过调节阴极空气流量来控制。尾气纯氧燃烧 CO_2 浓度控制在 90%以上，可以通过调节氧气流量控制尾气残氧量来实现；尾气催化燃烧温度一般控制在 700～800℃，通过调节 CO_2 冷却气流量来控制。

为了较好地控制电堆温度以及燃烧尾气 CO_2 浓度，需要建立高温燃料电池发电单元热平衡模型以及燃烧尾气 CO_2 浓度预测模型，再结合传统 PID 控制，从而达到理想的控制效果。IGFC 试验基地煤气化净化后的合成气的主要组分为 H_2、CO 以及少量 CO_2、N_2、CH_4，如表 2.31 所示。

表 2.31　合成气组成（体积分数,%）

H_2	CO	CO_2	CH_4	N_2
61.77	36.72	0.24	0.14	1.13

2.7.1　高温燃料电池发电单元热平衡模型

根据高温燃料电池发电原理和电堆模块结构设计，热平衡模型如图 2.54 所示。

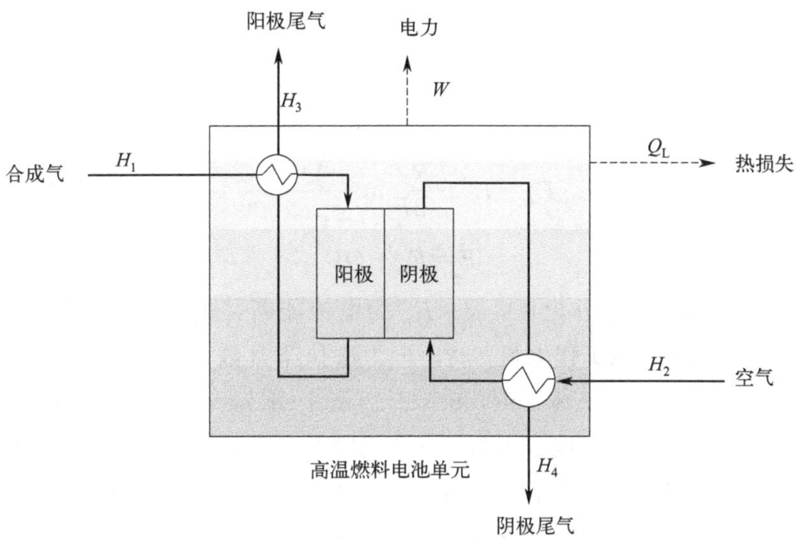

图 2.54　高温燃料电池单元热平衡模型示意图

热量平衡方程如下所示：

$$H_1+H_2=H_3+H_4+W+Q_L \tag{2.1}$$

式中，H_1 为阳极合成气的焓，等于合成气化学能即低位热值；H_2 为阴极空气的焓，等于空气的热能；H_3 为阳极尾气的焓，等于未转化合成气化学能加上尾气热能；H_4 为阴极尾气的焓，等于尾气热能；W 为燃料电池发电功率；Q_L 为高温燃料电池发电单元散热量。对于已经设计和加工好的高温燃料电池发电单元，设备大小已确定，在额定工作温度下，外表面散热量 Q_L 基本为定值。在不同的发电功率 W 工况下，电堆发热量不一样，为了维持额定工作温度，可以调节阴极空气量进行热量平衡，可以通过式(2.2) 来描述：

$$n_1h_1U_f=n_3C_3(T_3-T_0)+n_4C_4(T_4-T_0)+W+Q_L \tag{2.2}$$

式中，n_1 为阳极合成气摩尔流量，mol/s；n_3 为阳极尾气摩尔流量，mol/s；n_4 为阴极尾气摩尔流量，mol/s；h_1 为阳极合成气低位热值，J/mol；U_f 为阳极合成气燃料利用率；C_3 为阳极尾气比热，J/(mol·K)；C_4 为阴极尾气比热，J/(mol·K)；T_3 为阳极尾气排气温度，K；T_4 为阴极尾气排气温度，K；T_0 为标准态温度，298.15K。燃料电池发电功率 W 可以通过式(2.3) 计算。燃料利用率可以利用式(2.4) 和式(2.5) 根据工作电流计算得到，能斯特电压可以利用式(2.6) 通过电堆温度、反应组分等条件计算得到，工作电压可以利用式(2.7) 根据能斯特电压和过电势计算得到：

$$W=E\times I \tag{2.3}$$

$$n_e=n_1\times(X_{H_2}+X_{CO}+4X_{CH_4}) \tag{2.4}$$

$$U_f=\frac{I}{2n_eF} \tag{2.5}$$

$$E_n=E^0-\frac{RT}{2F}\ln\frac{X_{H_2O}}{X_{H_2}X_{O_2}^{0.5}} \tag{2.6}$$

$$E=E_n-OP \tag{2.7}$$

式中，E 为电池工作电压，V；E_n 为电池能斯特电压，V；E^0 为电池理论电压，V；I 为电池工作电流，A；F 为法拉第常数，96485C/mol；T 为电池工作温度，K；R 为气体常数，8.31J/（mol·K)；n_e 合成气等效氢气摩尔流量，mol/s；X 为燃料电池出口气体组分摩尔含量；OP 为电池过电势，V。

对上述模型进行实验验证，在 5kW 级电堆模块上测试得到平均单个电堆 I-V 曲线，单个电堆由 51 片单电池串联而成，与采用式(2.3)～式(2.7)（$OP=0.2$V）计算得到的 I-V 曲线接近，电堆电压预测值相对误差在 5%以内（图 2.55)。

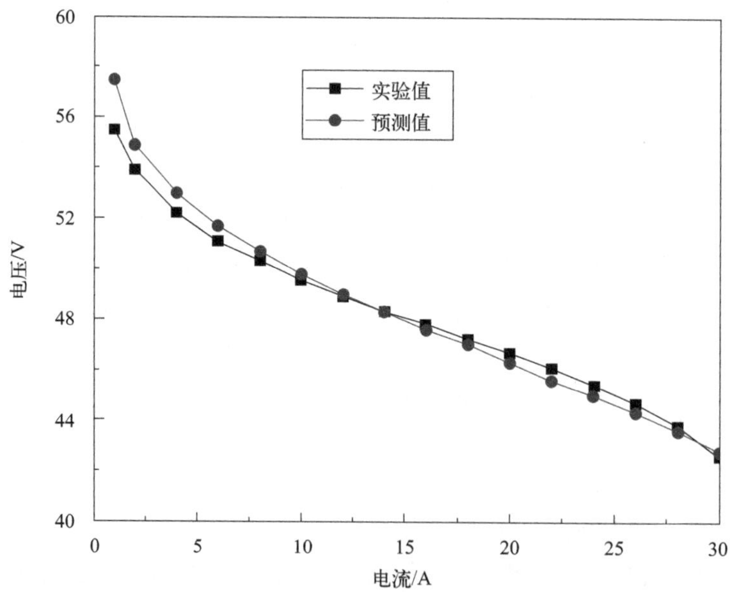

图 2.55 高温燃料电池堆电压预测计算结果

利用 16 个电堆组成 20kW 级的高温燃料电池发电单元，工作温度 750℃，阳极入口合成气流量为 $11.4m^3/h$，热箱散热损失 $Q_L = 5000W$。根据热量平衡模型，计算得到高温燃料电池发电功率和发电效率随燃料利用率变化趋势如图 2.56 所示，发电功率和发电效率均随燃料利用率增加而升高，当燃料利用率从 80%增加到 90%时，发电功率从 19.0kW 升高至 20.5kW，发电效率从 53.3%升高至 57.4%。随着发电功率的增加，为了保持工作温度稳定，需要增加阴极空气量，燃料利用率从 80%增加到 90%时，所需阴极空气量从 $62.3m^3/h$ 增加至 $112.9m^3/h$，如图 2.57 所示。

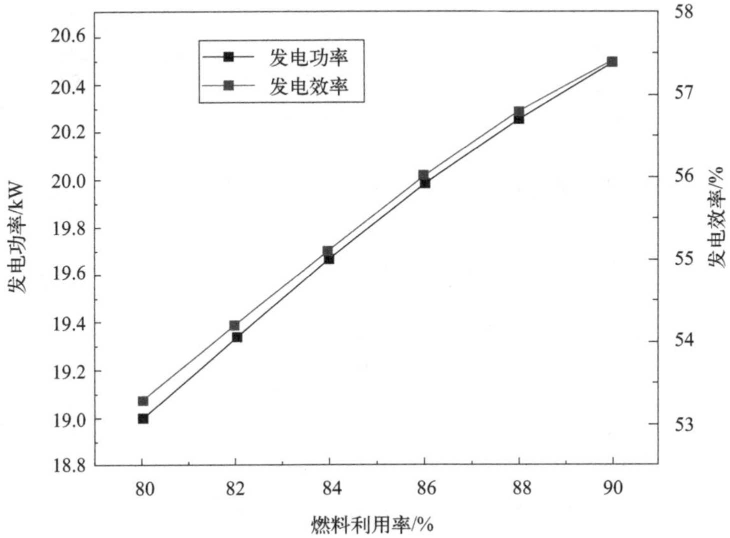

图 2.56　20kW 级高温燃料电池单元发电功率及发电效率随燃料利用率变化情况

2.7.2　纯氧燃烧单元尾气 CO_2 浓度预测模型

(1) 燃料电池发电单元反应方程

$$H_2 + O^{2-} \longrightarrow H_2O + 2e^- \tag{2.8}$$

$$CO + H_2O \longrightarrow CO_2 + H_2 \tag{2.9}$$

$$CH_4 + 2H_2O \longrightarrow CO_2 + 4H_2 \tag{2.10}$$

(2) 纯氧燃烧单元反应方程

$$2H_2 + O_2 \longrightarrow 2H_2O \tag{2.11}$$

$$2CO + O_2 \longrightarrow 2CO_2 \tag{2.12}$$

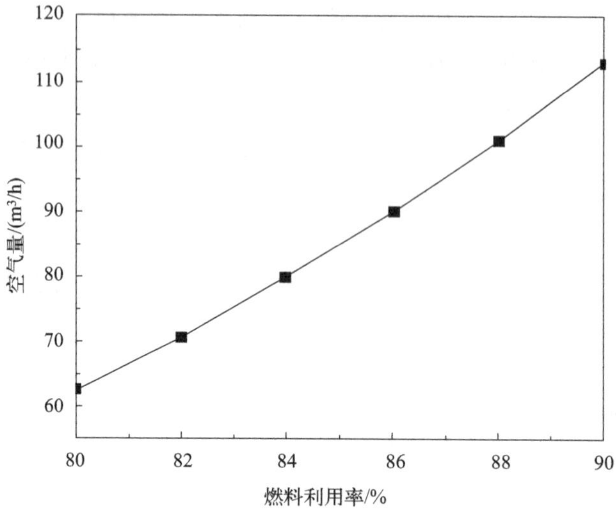

图 2.57　20kW 级高温燃料电池单元热平衡下阴极空气量随燃料利用率变化情况

根据碳原子守恒，推导得到尾气 CO_2 干基浓度预测公式如下：

$$y_{CO_2}=\frac{x_{CO_2}+x_{CH_4}+x_{CO}U_f+x_{CO}(1-U_f)\beta}{x_{CO}+x_{CO_2}+x_{CH_4}+x_{N_2}+x_{H_2}(1-U_f)(1-\gamma)+x_{CO}(1-U_f)\frac{(1-\beta)}{2}+(x_{CO}+x_{H_2}+4x_{CH_4})(1-U_f)\frac{(\alpha-1)}{2}} \tag{2.13}$$

式中，α 为尾气燃烧单元氧气过量系数，β 为尾气燃烧单元 CO 转化率，γ 为尾气燃烧单元 CO 转化率，x 为原料合成气组分摩尔含量。

在 20kW 级 IGFC 发电尾气催化燃烧实验装置上（图 2.58），模拟不同的尾气工况，催化燃烧反应器内的燃烧温度控制在 800℃以下（图 2.59），不同工况下尾气燃烧性能如图 2.60 所示，其中入口段温度为尾气进入催化剂床层前的温度，中段温度为催化剂床层 1/2 处尾气温度，出口段温度为催化剂床层出口尾气温度，温度测量采用 K 型铠装热电偶。实验结果表明，在发电单元燃料利用率 $U_f=80\%$ 工况下，在较低的氧气过量系数（$\alpha=1.0\sim1.1$）工况下，H_2 全部转化为 H_2O（$\gamma=100\%$），CO 转化率（β）随过氧系数增加而增大，从 88%增加至 96%。

根据实验结果，CO_2 浓度预测公式（2.13）可以进一步转化为式（2.14），预测值与实验值比较如图 2.61 所示，绝对误差小于 1%。

图 2.58　20kW 级 IGFC 发电尾气催化燃烧实验装置

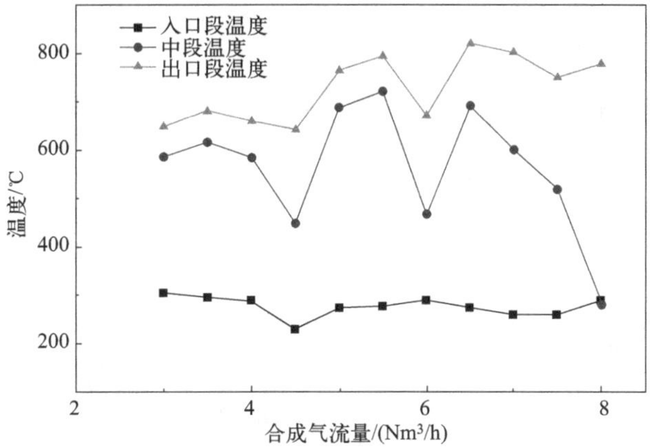

图 2.59　不同尾气流量下催化燃烧反应温度分布

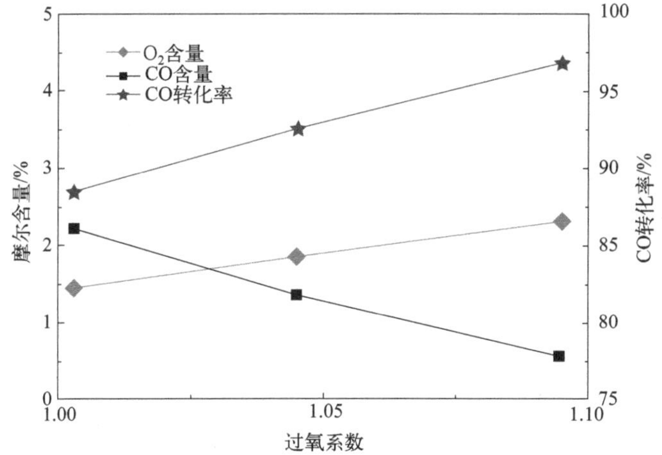

图 2.60　不同工况下 CO 转化率和残氧量测量值

$$y_{CO_2}=\frac{x_{CO_2}+x_{CH_4}+x_{CO}U_f+x_{CO}(1-U_f)\beta}{x_{CO}+x_{CO_2}+x_{CH_4}+x_{N_2}+x_{CO}(1-U_f)\frac{(1-\beta)}{2}+(x_{CO}+x_{H_2}+4x_{CH_4})(1-U_f)\frac{(\alpha-1)}{2}} \tag{2.14}$$

式中，$\beta=-0.02+0.9\alpha$。

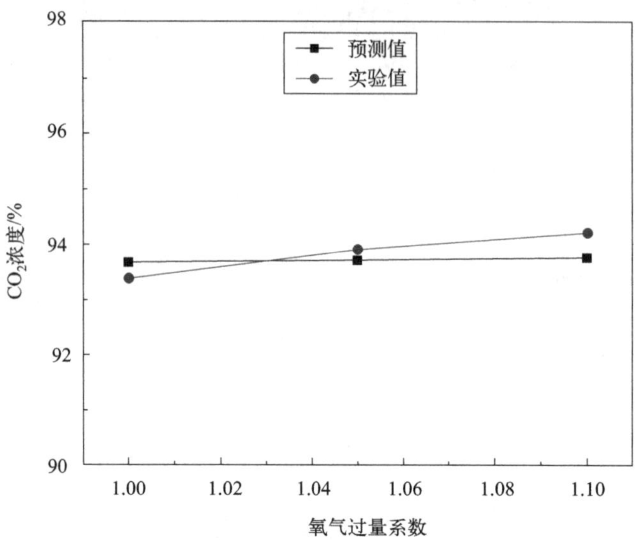

图 2.61 不同工况下 CO_2 浓度预测值及实验值比较

第3章

IGFC 发电模块集成技术

当前 SOFC 单堆功率小，需要将多个 SOFC 电堆集成大功率发电模块，发电模块集成是 IGFC 系统的关键核心技术。发电模块集成涉及电堆一致性评估、堆塔结构设计等关键技术。

3.1 SOFC 电堆评估

3.1.1 电堆泄漏率评估

SOFC 电堆主要由端板、双极板、膜电极和密封材料组成，多个单电池串联组成一个 SOFC 电堆。SOFC 大功率发电模块需要将多个单堆进行串联、并联组装，电堆的一致性将对发电模块运行稳定性和寿命有重要影响，因此需要对电堆进行检测评价。SOFC 电堆集成发电模块不仅需要考虑电堆功率，电堆的气体泄漏率也是集成方案的重要参数。综合考虑安全、空间体积、气体流量、发电效率等因素，通过理论计算，得到在运行工况下，单个电堆气体泄漏率的上限值，并对每个电堆进行气密测试，以此筛选出合格的电堆。

通过组装测试装置，在保证电堆进气口、出气口连接紧密条件下，充入 3kPa 氦气，利用泄漏测试液及压力值变化，测试电堆外漏、内漏数值，并记录筛选。部分电堆气体泄漏率见表 3.1，泄漏率小于 0.5sccm，满足电堆模块集成要求。

表 3.1 SOFC 电堆气体泄漏率测试

序号	外漏/Pa	外漏泄漏率/(mL/min)	燃气侧/Pa	燃气侧泄漏率/(mL/min)	空气侧/Pa	空气侧泄漏率/(mL/min)
1	0.0000	0.0000	0.0000	0.0000	7.7659	0.0895
2	0.0000	0.0000	1.9531	0.0225	7.8127	0.0900

续表

序号	外漏/Pa	外漏泄漏率/(mL/min)	燃气侧/Pa	燃气侧泄漏率/(mL/min)	空气侧/Pa	空气侧泄漏率/(mL/min)
3	3.9063	0.0450	1.9531	0.0225	3.9063	0.0450
4	5.8594	0.0675	0.0000	0.0000	7.8125	0.0900
5	0.0000	0.0000	1.9531	0.0225	5.8594	0.0675
6	1.9531	0.0225	1.9531	0.0225	1.9531	0.0225
7	0.0000	0.0000	0.0000	0.0000	3.9064	0.0450
8	0.0000	0.0000	1.9531	0.0225	7.8127	0.0900
9	3.9063	0.0450	0.0000	0.0000	1.9531	0.0225
10	0.0000	0.0000	0.0000	0.0000	1.9531	0.0225
11	1.9531	0.0225	0.0000	0.0000	1.9531	0.0225

3.1.2 电堆压降监测

掌握电堆阴阳极压降的数据对系统设计至关重要，尤其是在电堆对阴阳极压降有严格要求的情况下，SOFC 电堆要求阴阳极进出口压差不得高于 3kPa。因此在系统设计及实际运行过程中，考虑一定裕度的情况下，电堆阴阳极进出口压降最好控制在 2.5kPa 以下。由于电堆进出口压降随着进料的流量增加而增加，因而电堆压降要求限制了电堆的输出功率。为了获得较为准确的压降测试数据，在不同的测试平台上分别进行了压降测试实验，得到了多组冷热态下电堆阴阳极压降测试数据，通过深入分析各个测试方法的误差来源，并对误差来源进行改进，最终得到了较为准确的压降测试数据。

高温压降测试平台直接在电堆测试平台上进行改造，在电堆阴阳极进出口共设置四个取压点，将测试平台及电堆升温至指定温度时，在高温下测量电堆进出口压降。电堆测试平台改造前后的取压点如图 3.1 所示。

利用改造前测试平台和取压点布置方式进行压力测量，得到的阳极阴极压降测试数据如图 3.2 所示。

阳极测试所用的气体为 H_2 和 N_2 混合气，测试温度为 712℃，已知在正常电堆运行过程中，单堆阳极燃气流量一般不会超过 12L/min，由图 3.2 阳极压降测试数据来看，在正常运行过程中阳极侧压降一般不会超过 1kPa。阳极超压的可能性较低，相比于阳极压降数据，更关心阴极压降数据，因为阴极流量通常为阳极的十余倍。

阴极测试所用的气体介质为空气，测量温度为 712℃，通过测量数据可以看到在阴极空气进料为 80L/min 的时候阴极压降已接近 2.5kPa，这个测试结果与预测的压降结果相距太远。在充分分析此测试方式误差的基础上，对取压

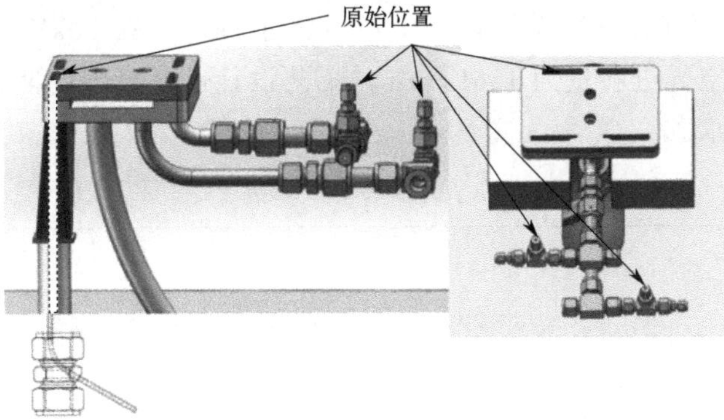

(a) 电堆测试平台A——原始测压点

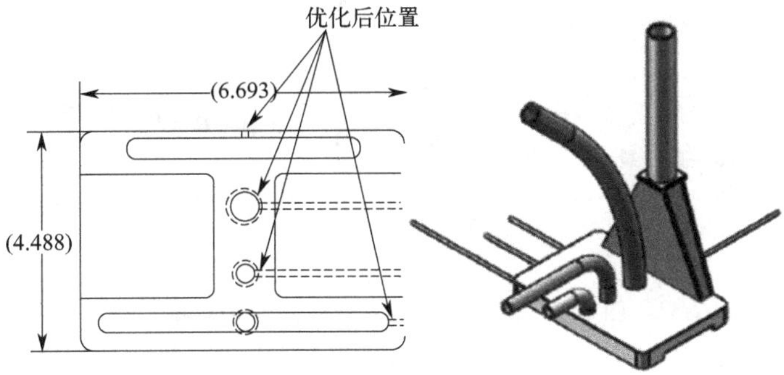

(b) 电堆测试平台B——优化测压点

图 3.1　电堆测试平台测压点优化

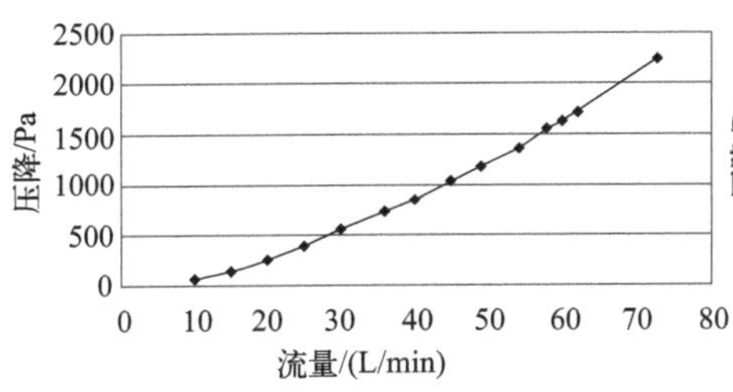

(a) 阴极侧压降

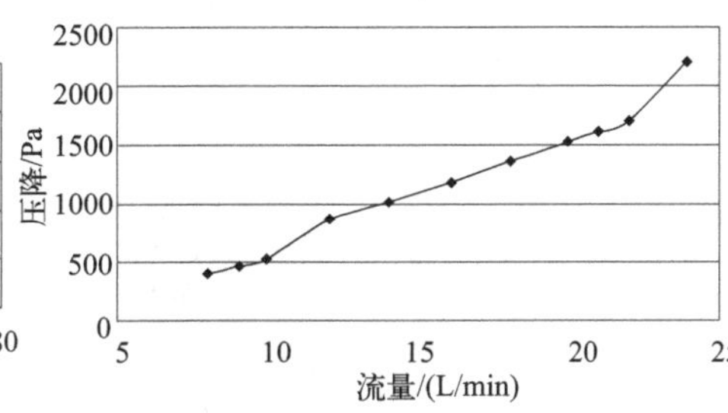

(b) 阳极侧压降

图 3.2　原始测压点阴阳极压降测量数据

点进行改进：直接在布气板阴阳极进出口处打孔取压，此时取压点更接近电堆进出口。优化后压降测试结果如图 3.3 所示。优化测压点后，压力测量值更接近实际电堆进出口压力，测得的压降数据也更为准确可靠，在715℃下，阴极空气进料在0～160L/min范围内，压降不超过1kPa。在20kW发电模块设计中，设计单堆空气进料量为156L/min，工艺设计进料量下的阴极压降满足供应商的压降要求。

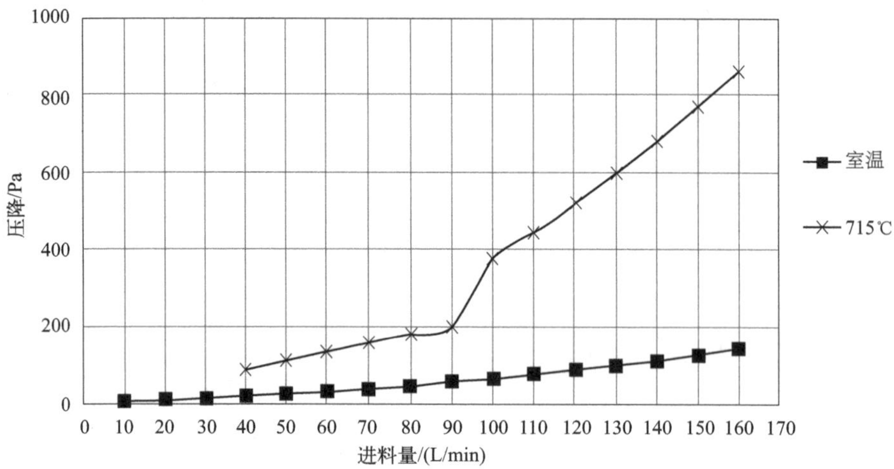

图3.3 优化测压点阴极压降测量数据

由于高温压降测试平台需要在线升温检测，为了实现室温下电堆压降数据的快速测量，改造了低温电堆压降测试平台，如图3.4所示。低温电堆压降测试平台结构较为简易，不仅可以实现室温下的电堆压降数据的快速测量，还可以检测供应商电堆质量及压降数据重复性，图3.5为低温压降测试平台布气板-取压口示意图。

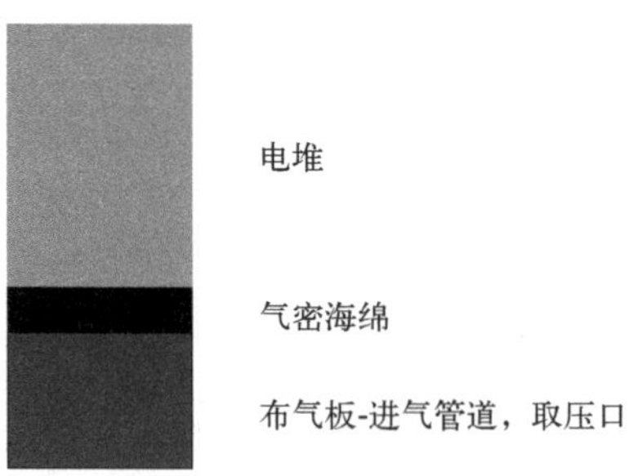

图3.4 低温压降测试平台示意图

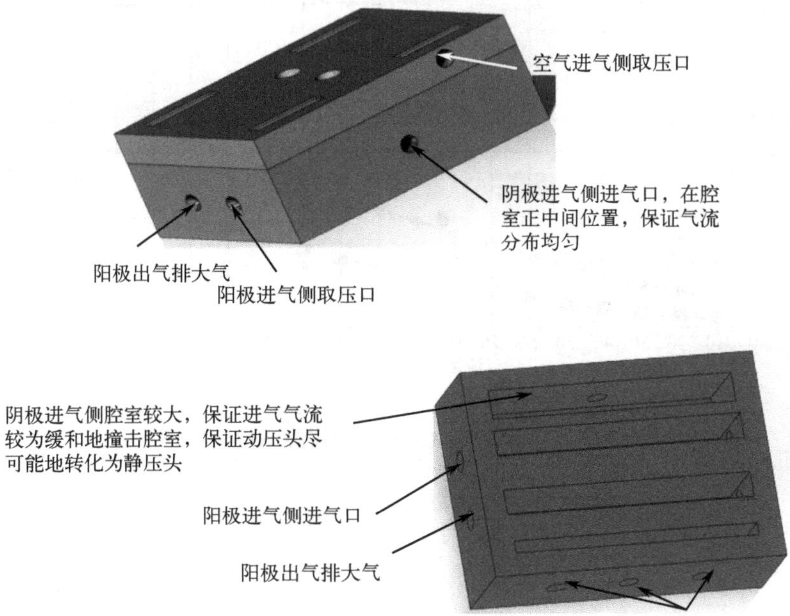

图 3.5　压降测试平台布气板-取压口示意图

利用低温压降测试平台所获得的阳极、阴极压降测试数据如图 3.6 所示。将高温压降测试平台与低温压降测试平台所测得的数据进行对比，如图 3.7 所示，可以发现测量数据误差很小，误差也有可能部分来自电堆差异。在室温下，阴极空气进料量为 50L/min 时，阴极压降波动范围为 50～70Pa，因此波动主要来源于电堆制造工艺及材质差异等。

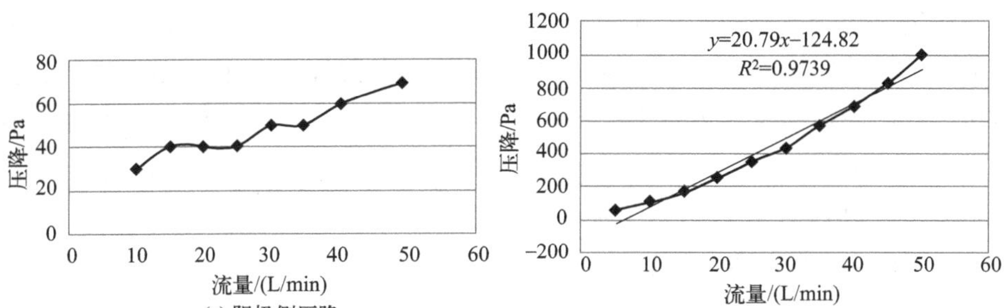

图 3.6　低温压降测试平台阴阳极压降测试数据

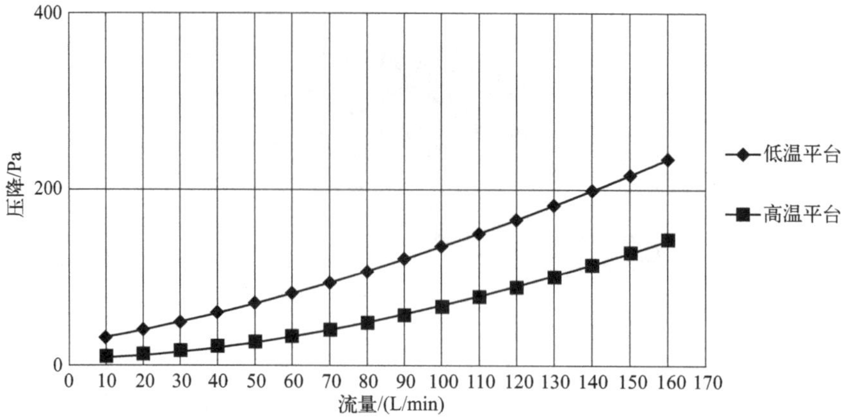

图 3.7 两个压降测试平台阴极压降测试数据对比

3.2 SOFC 单堆发电性能

针对 S 型 SOFC 电堆，分别设计了空气封闭式与空气开放式集成结构，两种集成结构的主要区别在于位于热箱中高温热区内是否设计阴极的空气支管，其中空气封闭式结构中阴极采用管道进气，空气开放式结构中阴极的进、出口分别连接进气腔体与出气腔体，利用进出腔体的压差为阴极供气。

3.2.1 空气封闭式 S 型电堆

为了积累 S 型 SOFC 单电堆在多种工况下的性能参数，在 1kW 测试平台上完成氢气与合成气等多工况的性能测试。纯氢气条件下的电流-电压曲线和电流-功率曲线如图 3.8 所示。从图中可以看出，氢气工况下 S 型电堆的开路电压为 63.5V，随着放电电流增加，电压逐渐减小，功率呈近似线性增加，在电流为 30A 时，达到 1254W，为保护电堆，不对电堆进行超负荷放电。此时，燃料电池发电效率为 52.6%，燃料利用率为 76.4%。

为了优化 S 型电堆的升降温速率以及验证电堆的热循环性能，将电堆在不同速率下进行升降温，在达到测试温度后，进行放电测试，并在同一电流下测试发电功率，结果如图 3.9 所示。升温速率从 15℃/h 调至 30℃/h 和 60℃/h，一共升降温循环 8 次，测试温度为 750℃，可以看到升温速率从 15℃/h 升至 30℃/h 后，在 24A 下的发电功率基本保持一致，但升温速率升至 60℃/h 后，第二个和第三个热

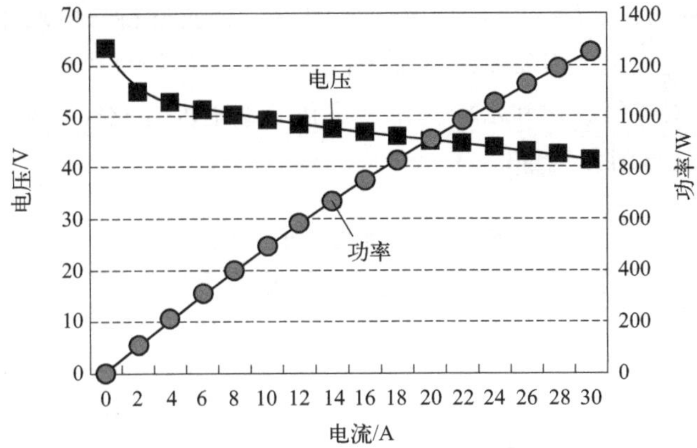

图 3.8　氢气工况下 S 型电堆电压-电流-功率曲线

循环时，发电功率已逐渐下降。说明 S 型电堆的升温速率最好不高于 30℃/h，升温速率在 30℃/h 及以下可能经历多次热循环并保持较好性能。

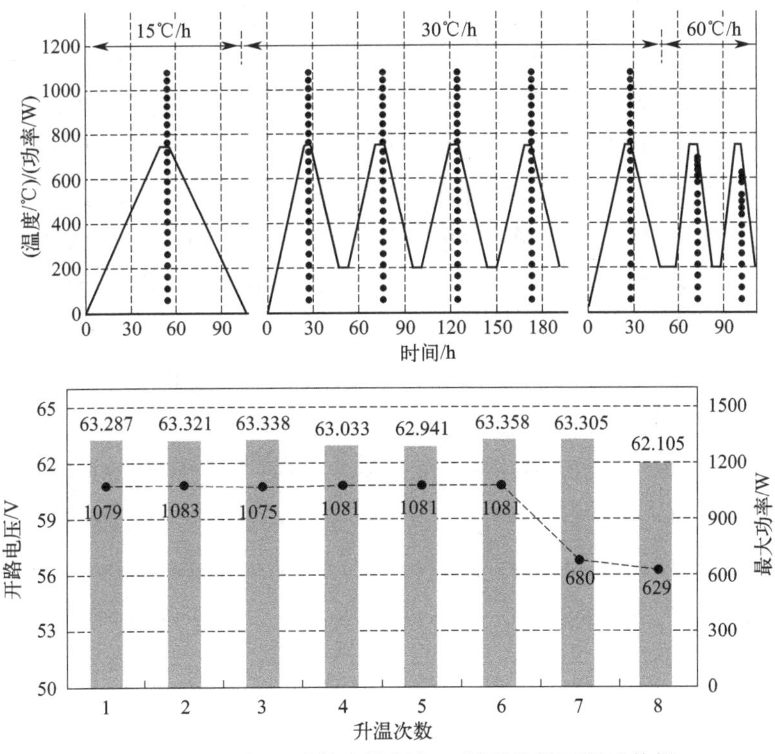

图 3.9　1kW 级 S 型单电堆氢气工况下热循环测试数据

由于示范基地的合成气来源于煤制油公司煤气化净化合成气，合成气中

H_2/CO比例约为1.68∶1。在该氢碳比例下，金属材料与电堆阳极均易发生积碳，为了避免积碳而引发系统性能下降或失活，阳极气体中通入额外的氢气与水蒸气，来调节氢碳比和水碳比。为优化S型电堆合成气工况，设计了如表3.2所示的阴极与阳极流量。

表3.2　合成气工况设计表

序号	空气流量/(L/h)	合成气流量/(L/h)	氢气流量/(L/h)	H_2O/(g/h)
1	5400	492.6	227.4	152.2
2	3600	445.7	274.3	151.5
3	7200	550.6	169.4	153.2
4	7200	492.6	227.4	152.2
5	5400	492.6	227.4	152.2
6	3600	550.6	169.4	153.2
7	5400	550.6	169.4	153.2
8	7200	445.7	274.3	151.5
9	3600	492.6	227.4	152.2
10	5400	445.7	274.3	151.5
11	5400	492.6	227.4	152.2
12	5400	492.6	227.4	152.2

图3.10为按表3.2所设计的合成气工况完成的拉载测试结果，从电压-电流与功率-电流曲线可以看出，电堆在不同工况条件下的性能重复性良好。图3.11是表3.2中12种工况下电堆的开路电压以及30A的输出功率，通过对比不同工况条件下测试结果，各开路电压均大于51V，电流为30A下输出功率均大于1200W，可以认为在选择的工况范围内，电堆可以稳定运行。

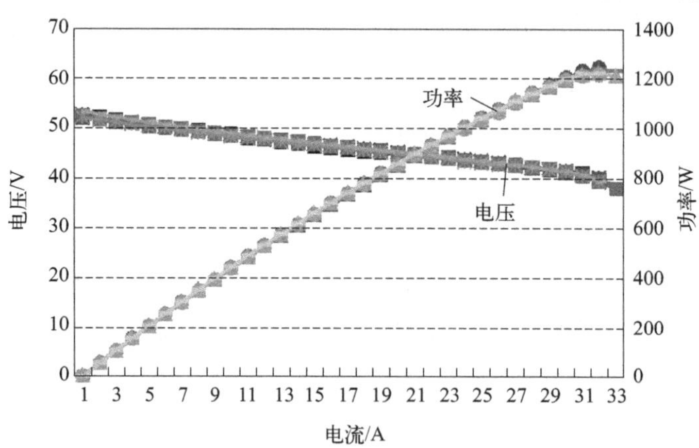

图3.10　合成气工况测试结果

选择$H_2/CO=2.8$、$H_2O/CO=1$的运行工况考察电堆稳定性。在电流为

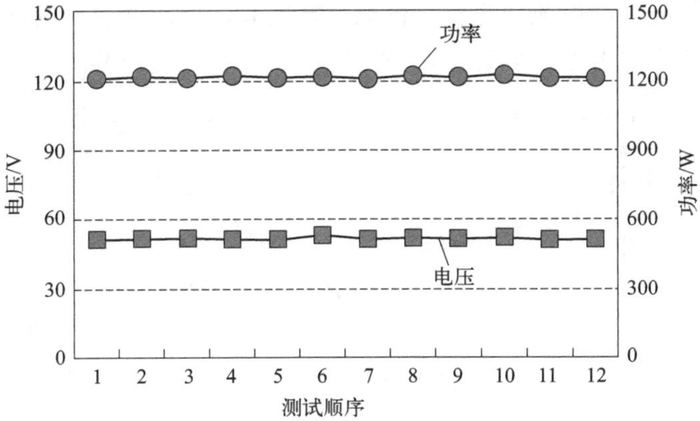

图 3.11　不同工况下电堆开路电压和 30A 下输出功率变化

24A 时，初始功率大于 1000W，保持该工况稳定 500h。通过图 3.12 可以看出，受到水蒸气不稳定的影响，电堆性能出现波动，但总体保持稳定，计算得到电堆衰减率为 1.4%/500h。综上，S 型 SOFC 电堆不论是发电性能还是稳定性均满足系统集成要求。

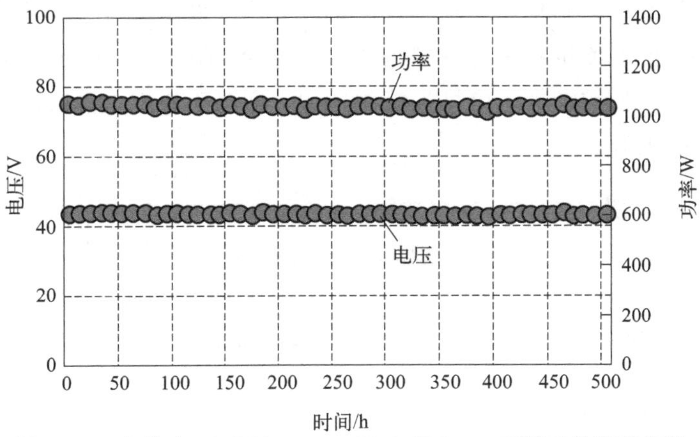

图 3.12　电堆在 $H_2/CO=2.8$、$H_2O/CO=1$ 工况下长期稳定性

3.2.2　空气开放式 S 型电堆

为验证空气开放式结构设计下的电堆发电性能和长周期稳定性，对 1kW 测试平台的底座、气路管线和检测点进行改造，形成适合 S 型单电堆测试的空气开放结构。随后进行升温测试。图 3.13 是 S 型单电堆在空气开放结构中进行电化学测试以及启停热循环实验的结果。在氢气工况下，单电堆在 30A 时的最大发电功率为 1300W，燃料利用率为 86%，电池发电效率为 56.8%。S

型电堆完成拉载后降电流，进行启停热循环实验，再次升温后的性能与第一次拉载一致，这表明电堆性能稳定，空气开放结构符合设计要求。

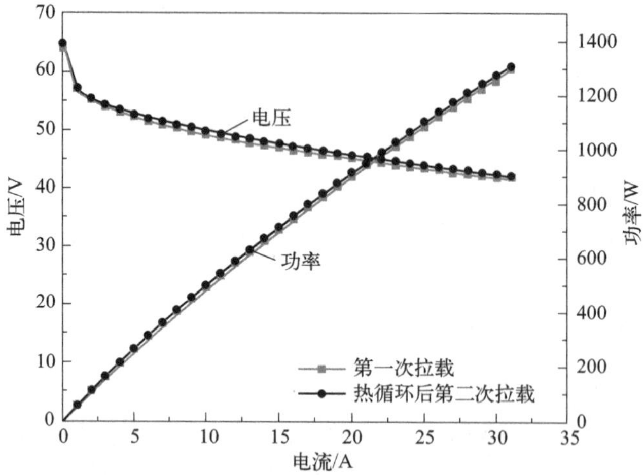

图 3.13　S 型单电堆空气开放结构测试结果

对于空气开放式结构，空气不仅是阴极气体，也是保持整个系统热稳定的关键。考察了空气流量对发电性能的影响，结果如图 3.14 所示。从图中可以看到，随着空气量的增加，电堆性能先增加，后趋于稳定，同时阴极进口压力随流量呈直线上升。

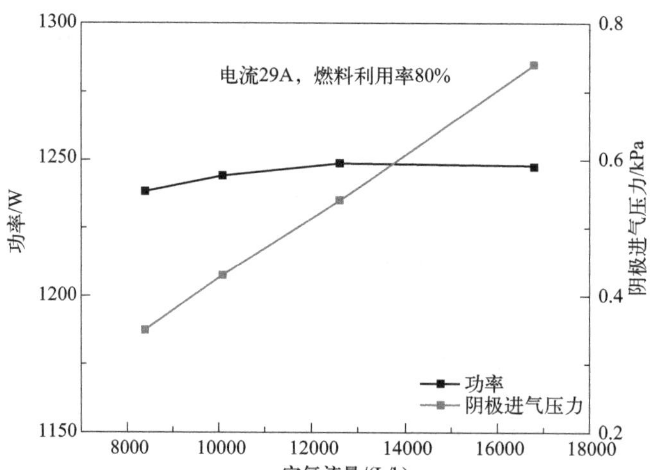

图 3.14　空气流量对发电性能影响曲线

完成以上拉载实验、热循环实验和空气工况测试后，在氢气工况下考察电堆稳定性，总运行约 1200h，其中工况实验连续稳定运行约 1003h，实测衰减率 2.9%/1000h，空气开放式结构满足设计要求。图 3.15 为空气开放式结构单堆长周期稳定性运行曲线。

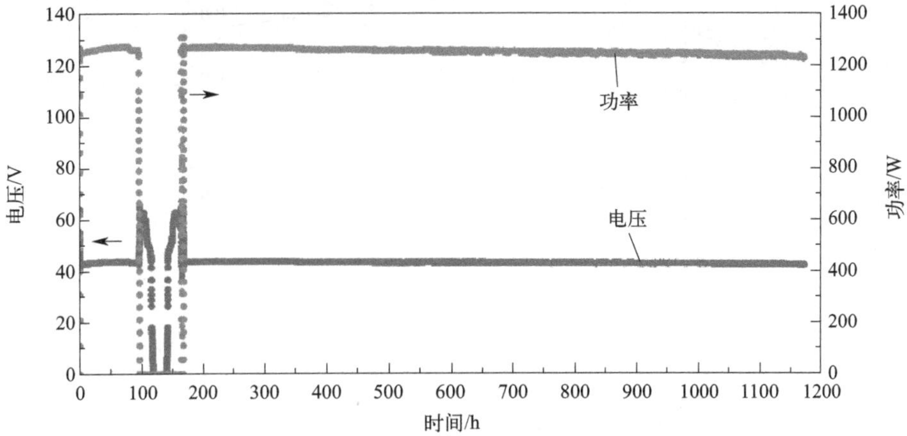

图 3.15　空气开放式结构单堆长周期稳定性运行曲线

3.2.3　空气开放式 K 型电堆

除 S 型电堆外，也对 K 型电堆进行了综合评价和集成放大。K 型单电堆测试在 1kW 测试平台上进行，对测试平台完成底座和阳极进出口管道改造和加工以适合 K 型电堆的腔体，图 3.16 为 K 型单电堆在 1kW 测试平台上的组装实物图。

图 3.16　K 型单电堆组装实物图

测试平台改造完成后，先后对 K 型第 1 代～第 5 代电堆进行测试。图 3.17 是第 1 代 K 型电堆电流-电压-功率测试结果，结果显示第 1 代 K 型电堆开路电压约 35V，将电流由 0A 增加至 20A，最大发电功率为 505.55W，燃料利用率约为 54.6%，电池发电效率约为 40%。在 20A 恒流放电下进行了 72h 稳定性测试，如图 3.18 所示，电压和功率均较为稳定，72h 衰减率约为 0.5%。

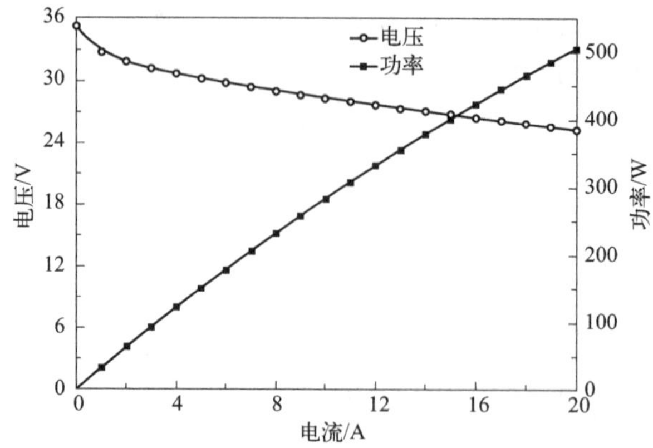

图 3.17　氢气工况下第 1 代 K 型电堆电压-电流-功率曲线

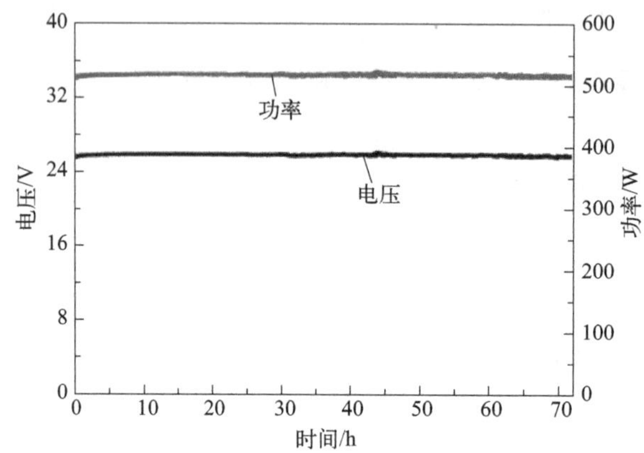

图 3.18　氢气工况下第 1 代 K 型电堆稳定性测试

图 3.19 是第 3 代 K 型单电堆测试结果，测试结果显示，开路电压约 36.7V，最大电流为 35A，发电功率为 802W，燃料利用率为 76.5%，电池发电效率为 47%。相比第 1 代电堆，第 3 代电堆在性能上有了一定的提升。总运行时间约 200h，总衰减率为 4.18%；其中前 100h 衰减率为 2.05%，后 100h 衰减率为 2.17%。

接下来，对第 4 代和第 5 代 K 型 SOFC 电堆进行多次单堆性能测试、多工况测试和长周期测试，获得大量的电堆基础性能数据，帮助电堆优化改进方案。

为探究 K 型电堆的最佳性能，对第 4 代 90 号电堆进行了长周期测试和倒置实验，图 3.20 所示为长周期实验运行曲线，倒置实验运行约 127h，其中氢气运行时间约 61h，合成气运行时间约 66h。倒置实验性能曲线见图 3.21，电堆倒置的性能与正置差别不大。

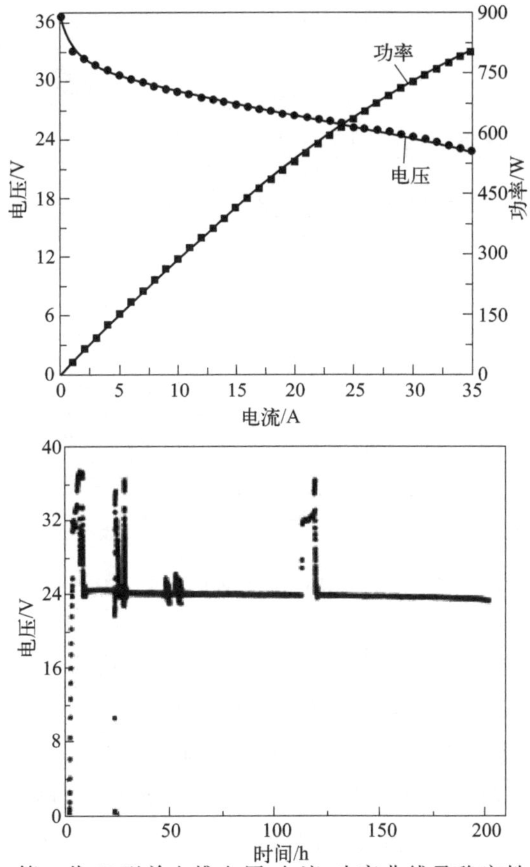

图 3.19　第 3 代 K 型单电堆电压-电流-功率曲线及稳定性运行曲线

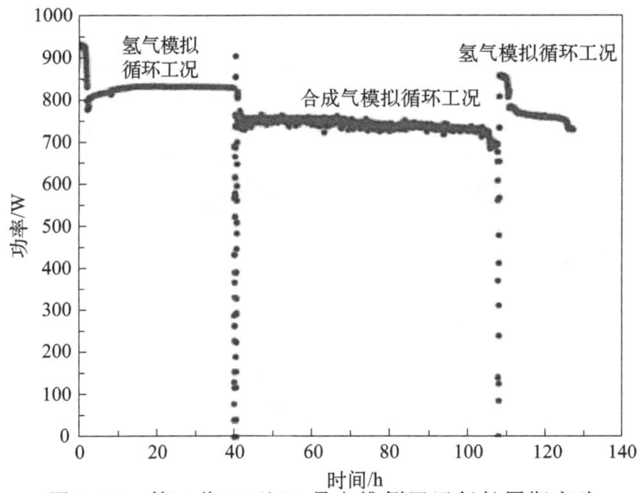

图 3.20　第 4 代 K 型 90 号电堆倒置运行长周期实验

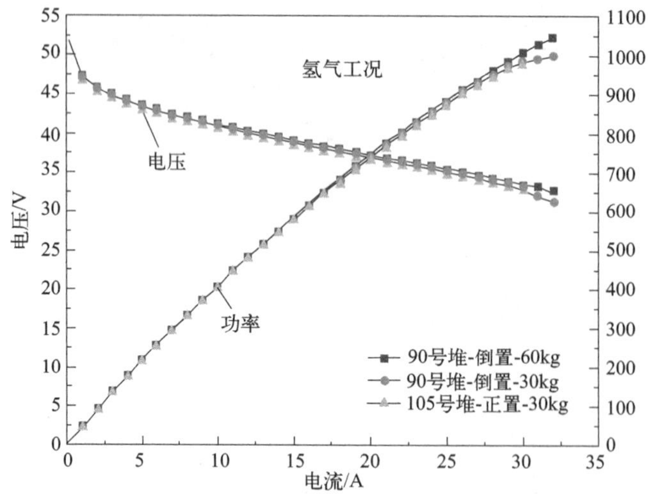

图 3.21 第 4 代 K 型 90 号电堆的倒置实验性能曲线

图 3.22 为第 4 代 91 号与 100 号电堆在氢气工况下的测试数据。91 号电堆在电流高于 21A 后，电压不稳定，不再继续拉载。100 号电堆优于 91 号，电流 30A 时发电功率为 901W，单程燃料利用率 65.5%，单程发电效率 36.8%。进而基于 100 号堆测试了不同氢气分压和空气量对其性能的影响，结果如图 3.23 所示。由于测试时燃料利用率不是很高，在较低的燃料利用率下，增加氮气含量降低氢气分压对性能的影响微小。空气量增加，输出性能增加，但是增加的幅度较小。

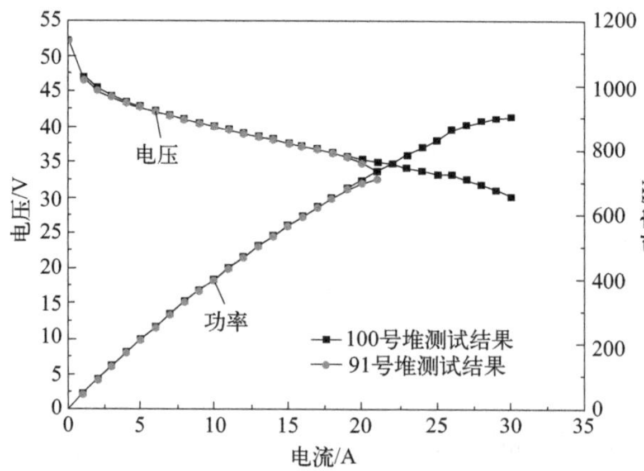

图 3.22 第 4 代 91 号与 100 号电堆电压-电流-功率曲线

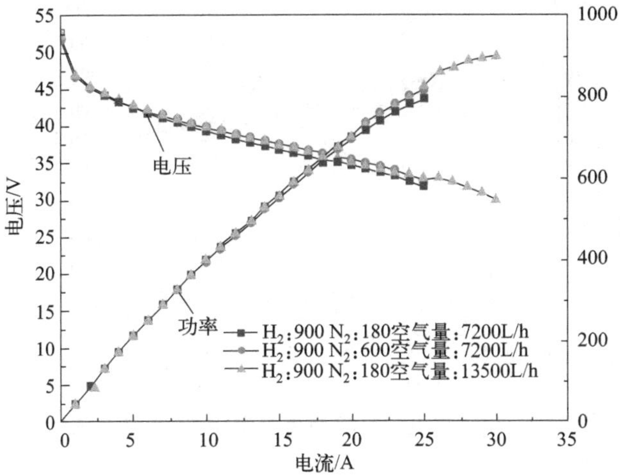

图 3.23　第 4 代 K 型 100 号堆在不同工况下的测试结果

进而对 105 号电堆进行测试，测试结果如图 3.24 所示。第 4 代电堆在合成气工况下燃料电池发电效率和燃料利用率略低于氢气工况（具体数据见图），发电功率 1045W 时，单程燃料利用率 64.2%，单程燃料电池发电效率 39.2%。

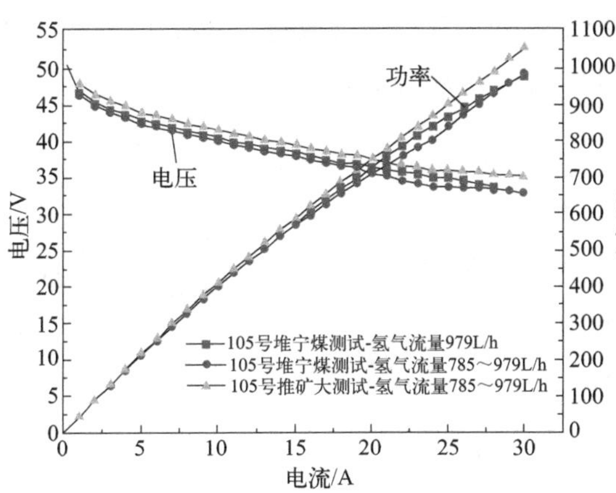

图 3.24

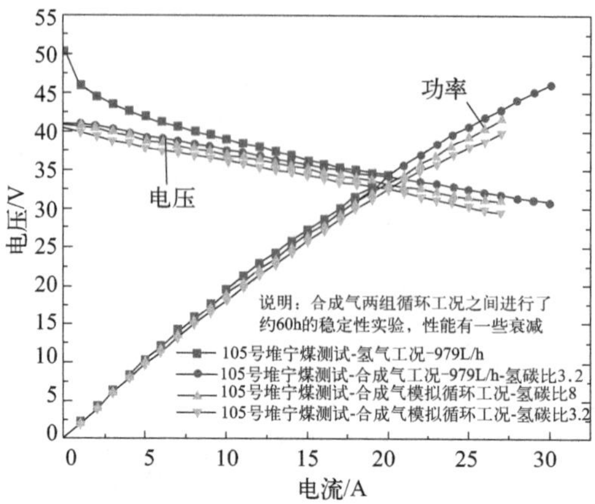

图 3.24　第 4 代 K 型 105 号电堆电压-电流-功率曲线

第 5 代 K 型电堆在氢气工况下的性能略高于合成气工况性能，氢气工况下测试发电功率 1043W 时，单程燃料利用率为 64.6%，单程燃料电池发电效率为 42.6%；合成气工况测试发电功率为 1016W 时，单程燃料利用率为 64.6%，单程燃料电池发电效率 39.7%；不同编号的电堆性能还存在一定的差别，因为每个电堆均由多片单电池串联而成，电池堆叠工艺、密封材料选择、密封材料涂覆工艺等因素均会影响电堆性能一致性。在长周期运行和单堆多次拉载测试时，电堆性能下降，在氢气循环工况下稳定性放电 85h，衰减较明显，说明电堆的稳定性和一致性有待改进。图 3.25～图 3.29 为第 5 代 K 型电堆 148 号、150 号堆的相关测试数据图。

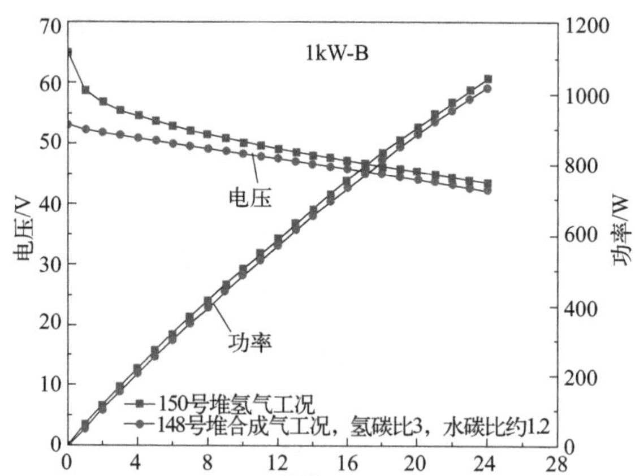

图 3.25　第 5 代 K 型 148 号电堆电压-电流-功率曲线

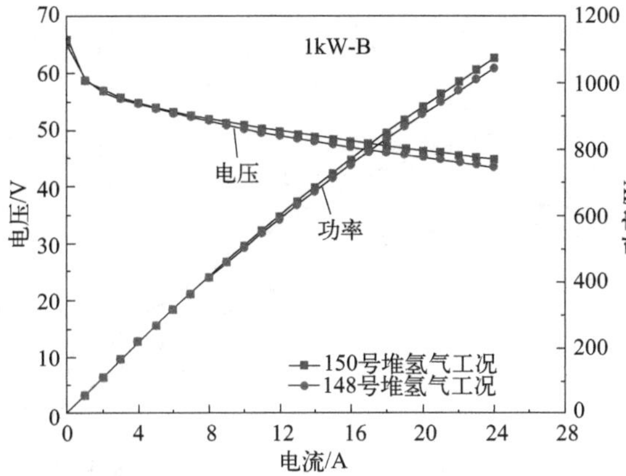

图 3.26　第 5 代 K 型电堆性能重复性验证

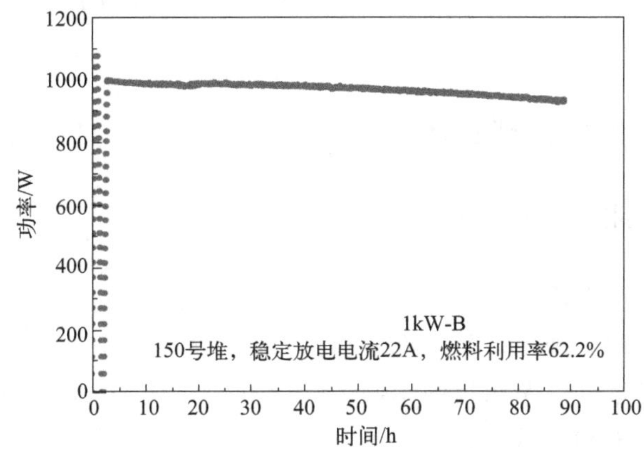

图 3.27　第 5 代 K 型 150 号电堆的稳定性放电测试

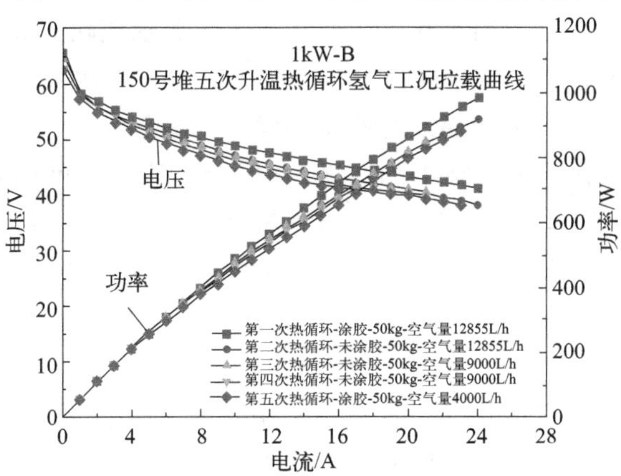

图 3.28　第 5 代 K 型 150 号电堆热循环测试曲线

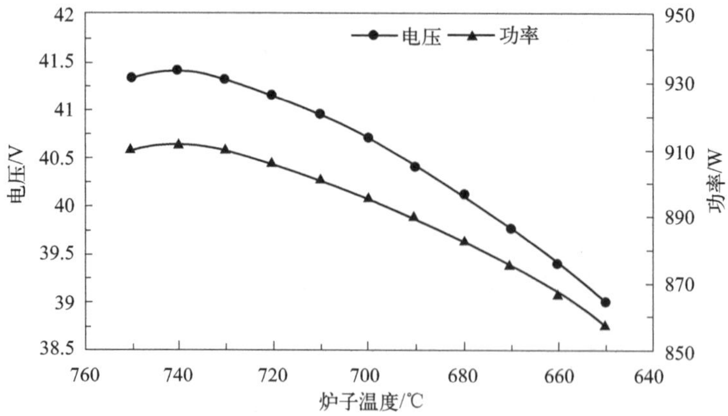

图 3.29 第 5 代 K 型 150 号电堆温度变化性能测试曲线

3.3 SOFC 单塔集成技术

3.3.1 空气封闭式堆塔集成

在完成 S 型单电堆测试后，采用空气封闭的结构进行发电模块组装。在空气封闭技术路线的实施中，采用堆塔结构，即首先采用 2 个及多个电堆组装成堆塔，再将堆塔进行电路结构的串联或者并联，集成 20kW 发电单元。因此，堆塔的组装、集成和测试工艺等，决定了空气封闭技术路线的可行性。为验证单个堆塔结构，采用 3 个电堆集成的堆塔，在 5kW 测试平台上进行验证测试。一方面验证组装工艺、密封可靠性、焊接工艺等各项模块集成工艺，从而奠定 20kW 发电模块集成的工艺路线和工艺方法；另一方面测试不同气体流量下堆塔的性能变化，为 20kW 模块运行提供关键运行参数。

S 型单塔的电化学测试结果如图 3.30 所示。从图中可以看出，由 3 个电堆组成的堆塔，开路电压约为 190.8V，随着拉载电流升高，电压逐渐降低，发电功率升高，在操作温度为 750℃、氢气流量为 45L/min、空气流量为 300L/min、放电电流为 30A 的条件下，单塔的输出功率为 3.8kW。此时，燃料利用率为 71.1%，电池发电效率为 46.9%。

为了进一步优化系统设计，在单堆塔上对氢气流量和空气流量进行考察，研究气体流量对稳定性、燃料利用率和电池发电效率的影响。首先是氢气流量的单因子实验，在 750℃、空气流量为 300L/min、堆塔放电电流为 30A 的工况

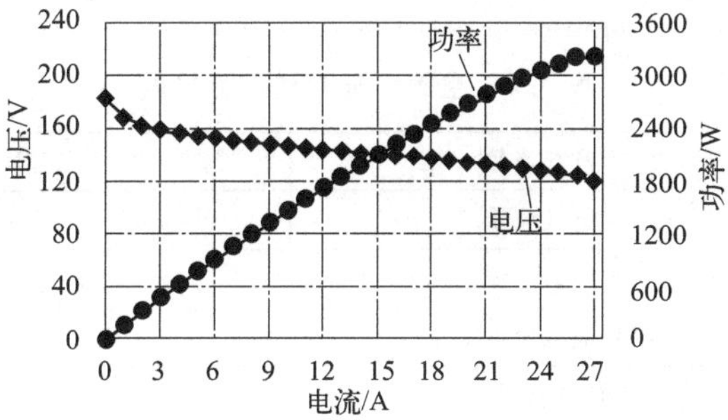

图 3.30　S 型单堆塔电压-电流-功率曲线

条件下，逐步降低氢气流量，观察堆塔性能变化。得到数据如表 3.3 所示，当氢气流量降低至 37L/min 时，电压降低较快，判断无法稳定运行，因此将气体流量回调至 42L/min。经过观察，认为 30A 电流下，单堆氢气流量维持在 14L/min 以上系统可以稳定，此时燃料电池发电效率为 50.2%，燃料利用率为 76.2%。

表 3.3　氢气流量调整实验数据

1	氢气流量	45L/min
	空气流量	300L/min
	最大电流	30A
	燃料电池发电效率	46.9%
	燃料利用率	71.1%
2	降低氢气流量	37L/min
	空气流量	300L/min
	最大电流	30A
	燃料电池发电效率	57%
	燃料利用率	86.5%
3	回调氢气流量	42L/min
	空气流量	300L/min
	最大电流	30A
	燃料电池发电效率	50.2%
	燃料利用率	76.2%

随后，考察空气流量对堆塔性能影响规律，得到数据如表 3.4 所示。当空气流量降低至 180L/min 时，电压降低较快，判断无法稳定运行，因此将气体流量回调至 210L/min。经过观察，认为 30A 电流下，单堆氢气流量维持在

70L/min 以上稳定。

表 3.4 空气流量调整实验数据

1	氢气流量	45L/min
	空气流量	300L/min
	最大电流	30A
	燃料电池发电效率	46.9%
	燃料利用率	71.1%
2	氢气流量	45L/min
	降低空气流量	180L/min
	最大电流	30A
	燃料电池发电效率	46.4%
	燃料利用率	71.1%
3	氢气流量	45L/min
	回调空气流量	210L/min
	最大电流	30A
	燃料电池发电效率	46.9%
	燃料利用率	71.1%

在堆塔结构中各电堆的性能一致性是评价堆塔结构设计是否合理的关键指标，对堆塔结构放大以及系统稳定运行至关重要。图 3.31 为单塔在开路电压模式下各电堆的电压数据。其中 CH01～CH03 分别显示了 3 个电堆的实时电压数值，其中最大开路电压为 62.58V，最小开路电压为 61.33V，二者相差约为 2%，认为偏差产生的原因主要是温度分布不均匀。

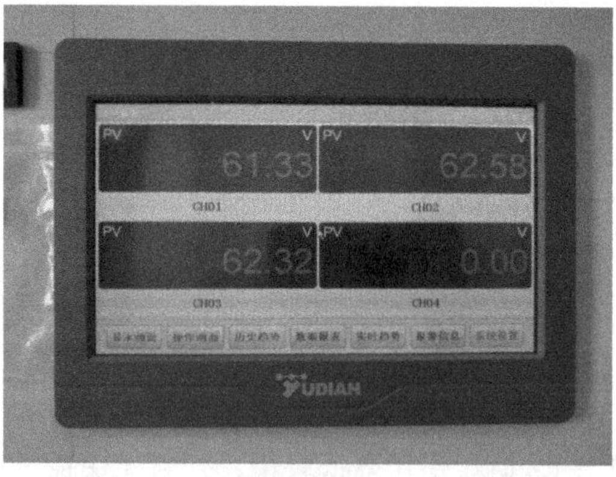

图 3.31 开路模式下单电堆电压数据

图3.32为30A电流放电条件下电压一致性数据。其中最大开路电压为43.58V，最小开路电压为39.10V，二者相差约为11.5%，认为偏差的产生主要是由于电堆在运行过程中产生足够多的热量，导致自下而上温度分布不均匀，上部电堆所处环境温度分布较高（约765.0℃），电堆性能较好，下部电堆所处环境温度较低（约737.5℃），阴、阳极电极材料表面催化反应较慢，导致电压偏低。因此，在热箱设计中将考虑模块底部增加保温以避免堆塔内产生明显温度差。

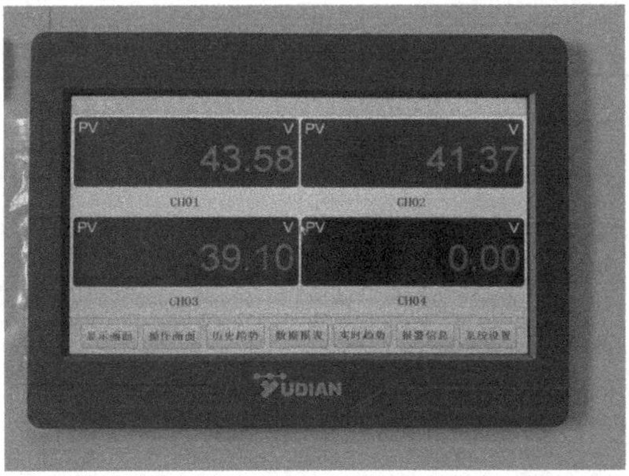

图3.32 30A放电条件下单电堆电压数据

在宁煤试验基地5kW级IGFC测试平台上完成了由2个堆塔、4个单电堆集成的5kW发电模块测试。5kW发电模块在IGFC宁煤试验基地一次试车成功，并连续运行超过580h。5kW发电模块测试条件如表3.5所示，测试结果见图3.33。发电模块设计额定功率4kW，最大发电功率5kW，燃料电池发电效率>50%，燃料利用率>80%。实际运行过程中，合成气（H_2/CO=2.8）工况下最大发电功率为5.67kW，稳定发电功率为5.2kW，燃料利用率84.3%，燃料电池发电效率53.3%。

表3.5 5kWSOFC模块连续运行测试条件

工况	H_2流量/(L/min)	合成气流量/(L/min)	H_2/CO	电流/A	功率/W	燃料电池发电效率/%	燃料利用率/%
1	52	—	—	80	3700	43.25	59.70
2	40	—	—	84	3840	58.35	81.49
3	40	—	—	92	4030	61.24	89.25

续表

工况	H_2 流量 /(L/min)	合成气流量 /(L/min)	H_2/CO	电流/A	功率/W	燃料电池发电效率/%	燃料利用率/%
4	—	47.5	3.04	108	4560	56.15	88.22
5	—	57.67	3.13	124	5220	52.98	83.43
6	—	60.5	3.13	130	5430	52.53	83.38
7	—	62.5	3.13	136	5630	52.73	84.43
8	—	62	2.53	136	5660	53.11	85.12
9	—	62.75	3.36	136	5660	52.90	84.10
10	61.9	—	—	136	5700	55.95	85.23

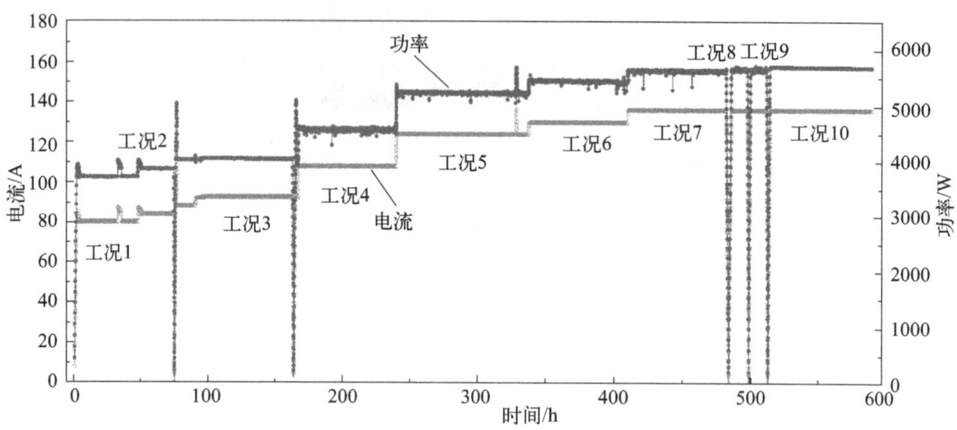

图 3.33 5kWSOFC 模块连续运行数据

通过 1kW 级 IGFC 测试平台和 5kW 级 IGFC 测试平台完成了 S 型单电堆和 3 电堆单塔和 4 电堆双塔的测试，结果显示电堆一致性满足集成设计要求，在小规模集成模块内，各堆塔发电性能一致性较佳，为 20kW 发电单元的设计与运行提供了充足的参考数据。因此，基于空气封闭式结构设计了 20kW 发电单元。

3.3.2 空气开放式堆塔集成

3.3.2.1 S 型电堆单塔集成

双堆塔验证性实验是进行电堆集成的先导性工艺验证，基于空气开放式设计建成了双堆塔结构。图 3.34 为双堆塔恒流放电测试结果，图 3.35 为双堆塔在不同测试条件下的拉载测试结果。通过比较，加大空气进气量后，拉载电流也因此提高。当氢气流量恒定为 24L/min，空气量从 200L/min(12000L/h)增加到 390L/min(23400L/h)，最大拉载电流才能从 20A 增加到 26A。这证实是空气量不足导致无法提高拉载电流，因而达不到额定拉载功率。最终通过更换调整大流量空气流量计后，在氢气流量 30L/min 和空气流量 390L/min 条件下进行拉载，最大发电功率 3036.2W，最大电流 36A，此时的燃料利用率为 91.1%，燃料电池发电效率为 61.7%。调整氢气流量和拉载电流对堆塔进行氢气工况恒流拉载，进行稳定性发电实验。在氢气流量 30L/min 和空气流量 390L/min 条件下恒流正常运行时间约 10h，恒流电流 30A，堆塔输出平均功率为 2650W，燃料利用率为 77.6%，燃料电池发电效率为 54%，几乎无衰减。

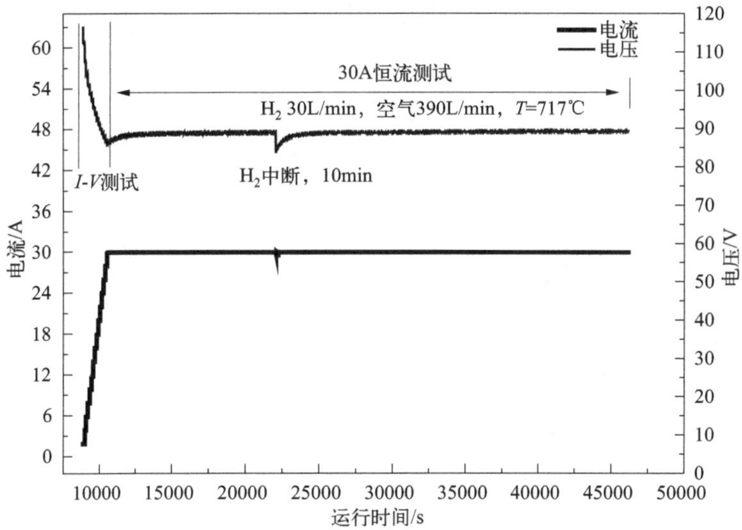

图 3.34　空气开放式双堆塔恒流放电

完成以上测试后对双堆塔进行热循环，结果如图 3.36 所示。在相同氢气流量 24.3L/min、空气流量 390L/min 工况下，比较前后两次升温的拉载情况，最大拉载电流 26A 时，发电功率分别为 2276W 和 2254W，两者数值接近，几乎没有衰减。拉载测试结果显示与上次数据趋势基本相同，表明堆塔结构具有较好的热循环稳定性。

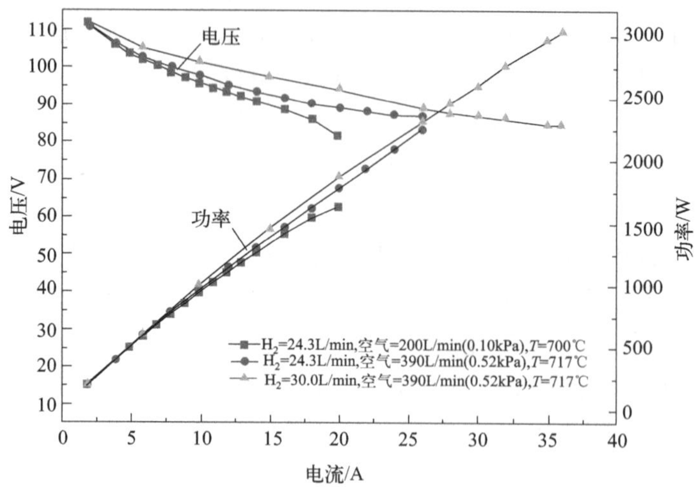

图 3.35　空气开放式双堆塔不同条件下的电压-电流-功率曲线

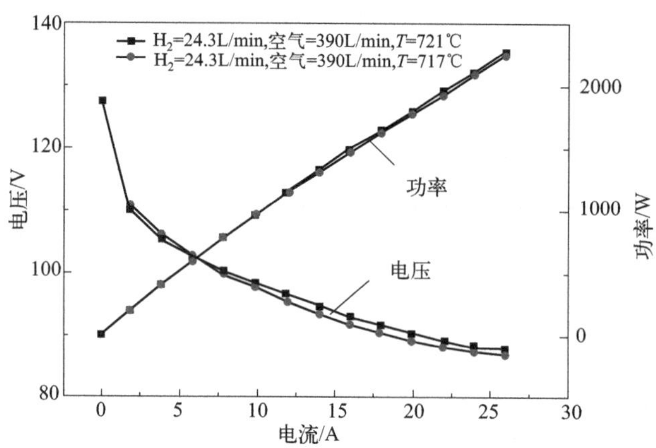

图 3.36　两次不同工况拉载

通过双堆塔的组装和电化学测试，实现最大发电功率超过 3kW，燃料利用率为 91.1%，电池发电效率为 61.7%，达到预期目标。同时也发现有些材料在高温下的绝缘性能差，存在短路风险，堆塔模块有空气泄漏现象，继续进行优化改进。

相较于双堆塔，四堆单塔的结构更近似 20kW 级发电模块，5kW 测试平台的软硬件几乎与 20kW 测试平台使用的设备相同，差别是发电功率较小，装置的量程较小。由于四堆单塔结构与 20kW 级发电模块相似，因而四堆单塔验证实验的结果对首套 20kW 发电单元更具有参考价值和指导意义。

图 3.37 为 5kW 单塔在氢气工况下进行的测试结果。按设计氢气流量 2800L/h，当空气流量 14000L/h，空气与燃气比为 5 时，无法达到额定发电功率，因此调整氢气流量和空气流量，最终在氢气流量 3400L/h 和空气流量 46000L/h 条件下进行拉载，最大发电功率为 4718W，最大电流为 28A，此时的燃料利用率为 76.8%，电池发电效率为 50.7%。

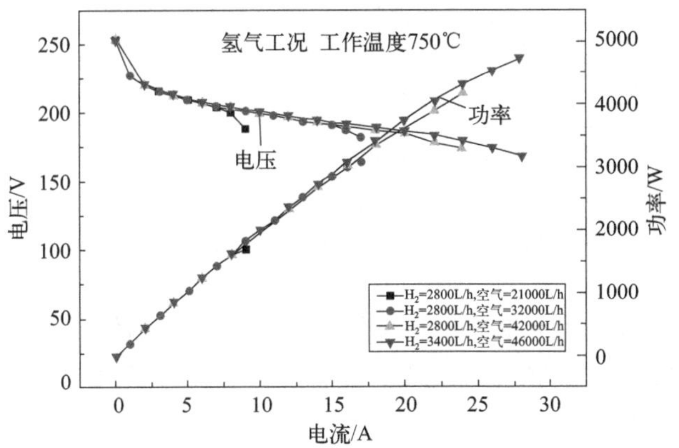

图 3.37　5kW 空气开放式单塔氢气工况测试结果

参照前面氢气工况测试的结果，将合成气工况的空气流量固定在 46000L/h，然后通入合成气、氢气、水蒸气。在合成气流量为 2105L/h、氢气流量 695L/h、水蒸气流量 400L/h 条件下进行拉载，最大发电功率 4197W，最大电流 24A，此时燃料利用率为 79.9%，燃料电池发电效率为 52.2%。

为寻找合成气条件下的最佳工况，在 5kW 级 IGFC 测试平台上，对合成气工况的氢碳比和水碳比进行 DOE 设计分析，以中心复合设计为原则，确定了 17 次运行次数的试验规模。通过既定的试验计划收集每次试验数据，将以上结果汇总之后，以电效率为响应值，运用 JMP“响应面模型拟合”的操作平台，进行定量分析。并且进一步借助 JMP 自带的模型预测刻画器，得到优化的分析结果。通过优化结果设计合成气实验条件，测试结果如图 3.38 所示，合成气条件下的最佳工况为氢碳比 2.8，水碳比 1，由于水蒸气流量不稳定，因此偏离设定值，但此时燃料利用率可以达到 75%，燃料电池发电效率为 50.9%。

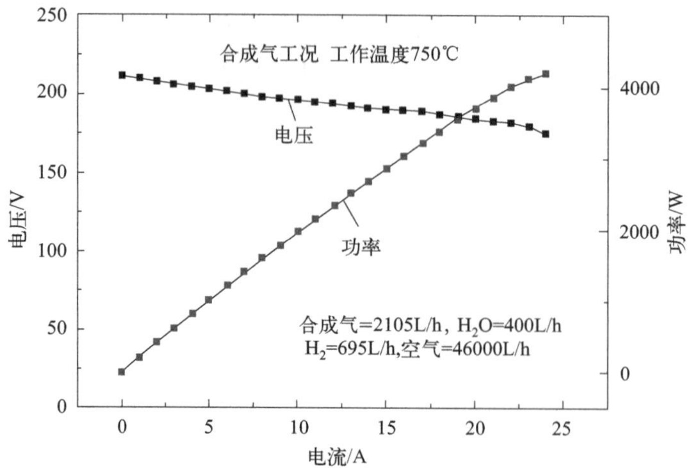

图 3.38 5kW 空气开放式单塔合成气工况测试

通过空气开放式单电堆和堆塔的测试，表明该结构设计合理，对阴极空气压阻要求小。因此，在空气开放式单塔的基础上设计了空气开放式 20kW 发电单元。

3.3.2.2 K 型电堆塔集成

K 型三堆塔测试在兼容性改造后的 5kW 级 IGFC 测试平台上进行，目的是获得 K 型三堆塔的基本电化学性能数据，并对后续 K 型 20kW 集成系统设计和模块开发提供数据支持和验证途径。

第一次堆塔测试使用第 4 代 K 型电堆，正常运行约 83h，分别进行了拉载和恒流测试以及模拟尾气循环工况测试，测试结果如图 3.39～图 3.41 所示。在氢气工况下，发电功率为 3142W 时，单程燃料利用率为 64.2%，单程燃料电池发电效率为 39.0%；氢气模拟循环工况下，发电功率为 2684W 时，单程燃料利用率为 61.74%，单程燃料电池发电效率为 37.98%；合成气模拟循环工况下，发电功率为 3158W 时，单程燃料利用率为 59.74%，单程燃料电池发电效率为 36.47%。此装置测试运行进一步验证了 K 型三堆塔结构设计的可行性，同时测试结果显示运行过程中堆塔漏气导致堆塔衰减较明显，需对堆塔密封结构进行优化改进。

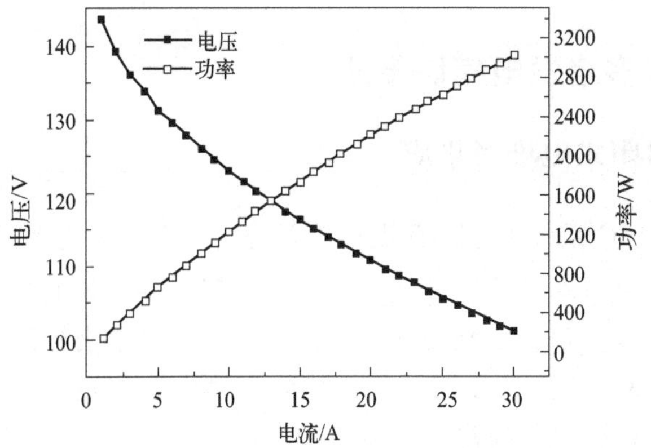

图 3.39　K 型三堆塔氢气工况下电压-电流-功率曲线

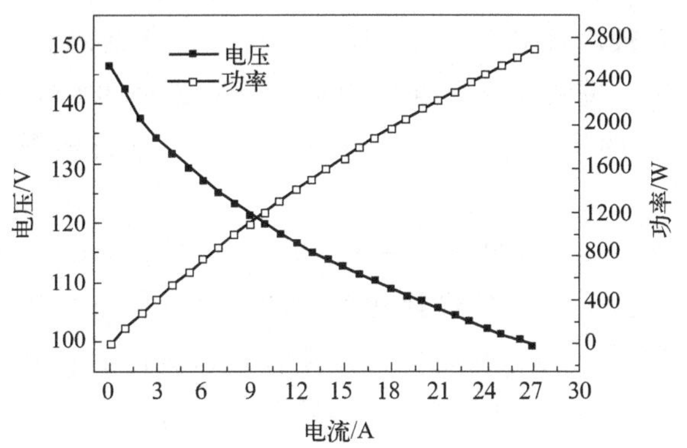

图 3.40　K 型三堆塔氢气模拟循环工况下电压-电流-功率曲线

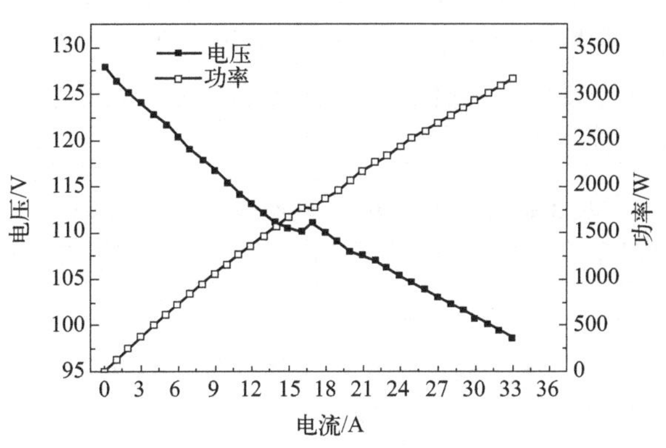

图 3.41　K 型三堆塔合成气模拟循环工况下电压-电流-功率曲线

3.4 SOFC多塔发电模块集成

3.4.1 空气封闭式电堆塔集成

20kW级IGFC系统工艺流程设计主要分为四部分，分别为阳极原料气进气、阴极原料气进气及助燃气进气、反应尾气控压排放和电堆模块。来自管廊减压后的常温阳极入口合成气与水蒸气在电加热混合罐进行混合，混合后气体组成见表3.6、表3.7。混合气在电加热混合罐中被加热到120℃，再经过换热器与电堆阳极尾气气体换热，气体被加热到700℃后进入电堆阳极。混合气体在电堆内发生电化学反应，反应温度为800℃，发生反应的部分合成气生成CO_2和H_2O，产物气体与未反应的合成气从阳极出口流出后和电堆入口合成气经换热器换热后被冷却到342℃，反应尾气经水冷器降温到60℃排出冷凝水，后经风机增压，进入纯氧燃烧器中将未反应完全的CO、H_2等可燃气体进行焚烧，焚烧后的尾气经换热器与阴极入口气进行换热，从750℃降到120℃后，引去CO_2捕集单元。

阴极入口气为空气，来自管廊减压后的常温空气先经换热器与纯氧燃烧器烟气进行换热，升温至60℃后经换热器与阴极尾气进行换热，气体被加热到700℃后进入电堆阴极。未反应的空气从阴极出口流出后和电堆入口空气经换热器换热后从800℃被冷却到157℃，然后经过引风机排空。

启动燃烧器在系统启动时开启，启动燃料气与启动空气在启动燃烧器中燃烧，启动燃烧器出口高温烟气通过换热器加热阴极进气，通过阴极空气传热，带动电堆升温启动。在启动工况下，阴极出口气不直接进入启动燃烧器，而是通过旁路与烟气混合后为换热器加热。待系统启动后，启动燃烧器将停止工作。为避免启动燃烧器在系统启动时发生异常状况，备用电加热器，以加热阴极进口气，完成启动过程。

表3.6 20kW级IGFC系统合成气组分分析

组分	H_2O	N_2	空气	H_2	CO	CO_2	CH_4
摩尔分数/%	0	1.125	0.018	61.774	36.711	0.237	0.135

表3.7 20kW级IGFC系统混合气组分分析

组分	H_2O	N_2	空气	H_2	CO	CO_2	CH_4
摩尔分数/%	29.410	0.794	0.013	43.606	25.914	0.167	0.096

S型空气封闭式20kW发电单元在宁煤试验基地完成安装调试，具备开车

条件后，阳极气体输入氢氮保护气，阴极通入空气准备升温。在通入气体过程中需要保证电堆阳极与阴极气体的压差不超过3kPa，因此采用阳极气体、阴极气体交替增加流量，同时调整阳极与阴极风机的频率保证电堆入口阳极气体压力大于阴极气体压力，且尽量保证0.5kPa＜压差＜2.0kPa。

当气体流量达到设定值后设定加热设备的升温程序，主要的加热设备包括阳极加热器、阳极伴热器和阴极加热器，辅助加热设备为阳极高温换热器与阴极高温换热器，通过加热设备对常温气体进行加热，然后高温气体在电堆模块中流动时带动电堆模块升温。此次升温过程中，通过监控电堆模块内各堆塔平均温度的升温速率调整加热设备的加热程序，保证电堆升温速率约15℃/h。在升温过程中关注各个堆塔的电压随温度升高的变化趋势，如图3.42所示，在升温过程中各堆塔电压逐渐升高，当堆塔温度在200～350℃之间，堆塔开路电压快速增加，当温度高于500℃后各堆塔开路电压变化较小，且各堆塔开路电压一致性较高，说明四个堆塔内各电堆的一致性较好。

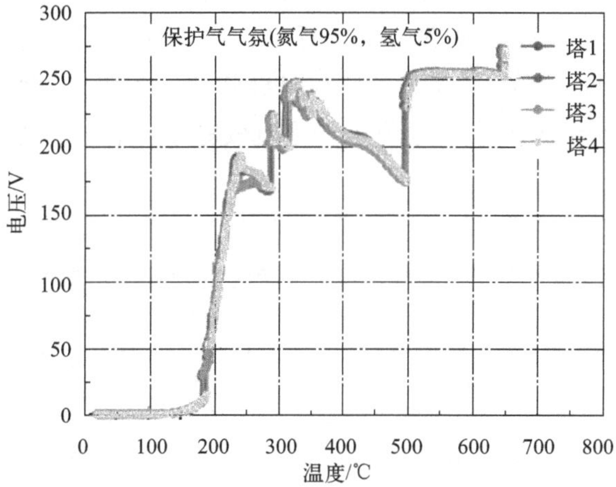

图3.42 升温过程各个堆塔的电压变化

当系统内电堆模块温度升至设定温度后，开始进行氢气工况下的性能测试。首先将阳极气体由保护气切换为氢气测试气体工况，氢气流量为13.5m^3/h，氮气流量为3.4m^3/h，空气流量保持115m^3/h。待气体流量、系统各处气体压力稳定后，进行拉载放电测试。图3.43为各个堆塔的电流-电压与电流-功率结果，可以看出各个堆塔的一致性较好，说明发电模块内温度分布和流量分布较均匀。

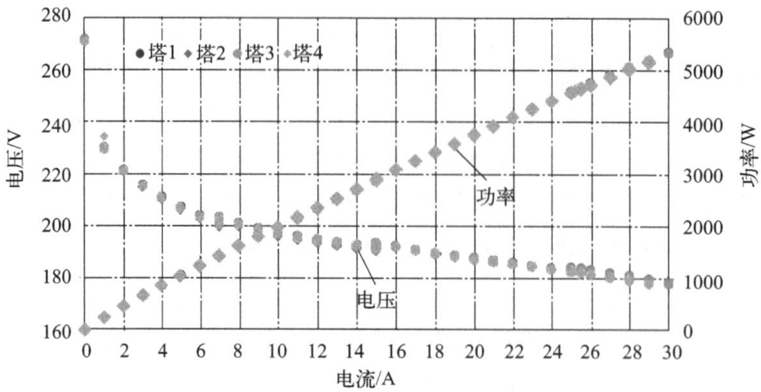

图 3.43 氢气工况下各堆塔的电压-电流-功率曲线

随后在氢气工况下进行长周期测试，将电流降低至 25.5A，此时总发电功率为 18.6kW，燃气利用率为 70.5%，燃料电池发电效率为 50.5%。长周期测试结果如图 3.44 所示，从图中可以看出，在运行的 90h 内系统较稳定，在整个运行过程中四个单塔发电功率没有明显差别，表明单塔性能一致性较高，气体流量和温度分布较均匀，总发电功率也较稳定，衰减率为 1.1%/1000h。

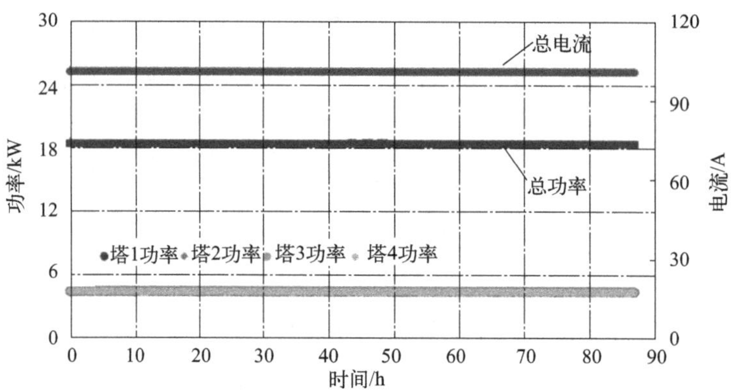

图 3.44 氢气工况下长周期运行

完成氢气工况测试目标后进行合成气工况测试。首先将电子负载电流降至 0A，设置水蒸气流量 2.2kg/h，氢气流量 5.9m^3/h，合成气流量 7.6m^3/h。待流量稳定后，开始进行拉载，然后逐步拉载至 30A。图 3.45 为各个堆塔的电流-电压与电流-功率结果，可以看出各个堆塔的一致性较好，说明合成气工况下发电模块内温度分布和流量分布仍较均匀。电流 30A 时最大发电功率为 21.2kW，燃料电池的发电效率为 55.6%，燃料利用率为 83.7%。

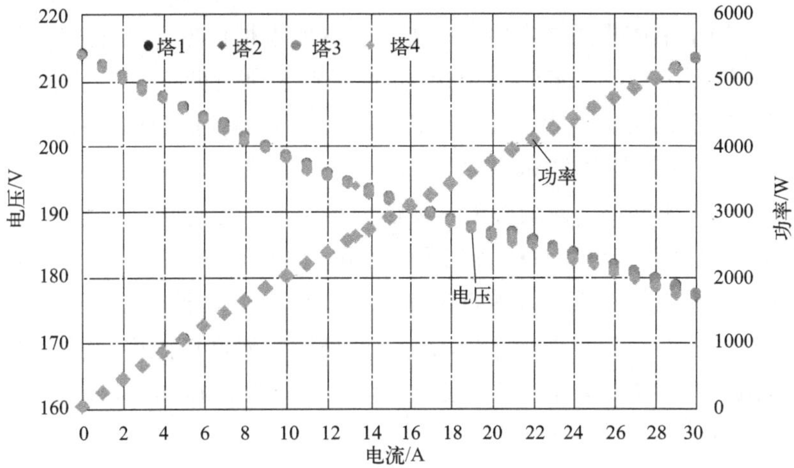

图 3.45　合成气工况下各堆塔的电压-电流-功率曲线

随后将电流降低至 27A 在合成气工况下进行长周期测试，结果如图 3.46 所示。从图中可以看出在运行的 100h 内系统较稳定，在整个运行过程中四个单塔发电功率没有明显差别，表明单塔性能一致性较高，气体流量和温度分布较均匀，总发电功率也较稳定，衰减率为 1.5%/1000h。

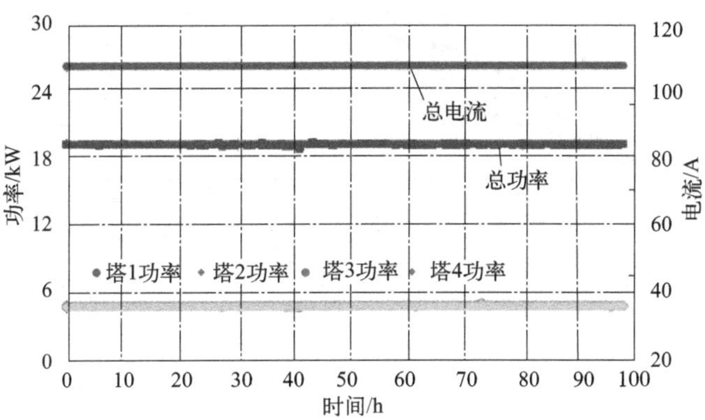

图 3.46　合成气工况下长周期运行

3.4.2 空气开放式电堆塔集成

3.4.2.1 S型电堆空气开放模块

基于小功率单塔集成技术验证结果，将S型电堆依据空气开放式结构集成20kW发电单元，并在20kW级IGFC测试平台上进行测试。当发电单元内电堆模块温度升至设定温度后，开始进行氢气工况下的性能测试。首先将阳极气体由保护气切换为氢气测试气体工况，氢气流量为12m^3/h，空气流量为144m^3/h。待气体流量、系统各处气体压力稳定后，进行加载放电测试。

图3.47是堆塔升温过程中各温度测点随时间的变化曲线。可以看到在阴极电加热器的温度带动下，各测点温度逐渐升高。在整个区间内，各堆塔的平均温度均较接近，说明温度分布较均匀。此外，随着堆塔温度的逐渐升高，阳极进出口温差逐渐增加，最大温差超过100℃，阳极出口和阴极出口的温差也逐渐增加，该温差保持在100℃以内。

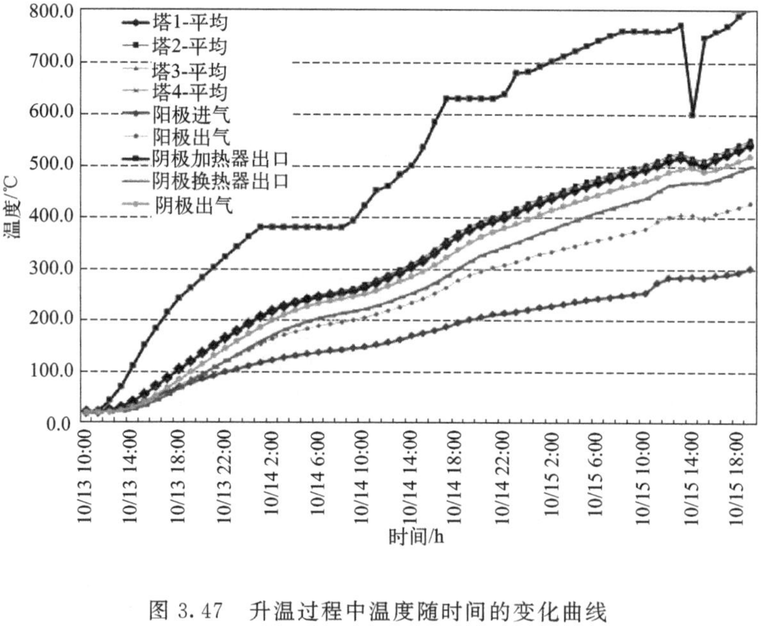

图3.47 升温过程中温度随时间的变化曲线

图3.48是堆塔升温过程中阳极阴极进出口压力随时间的变化曲线。可以看到在整个升温过程中，均保持着阳极进口压力高于阴极进口压力，阳极出口压力高于阴极出口压力。

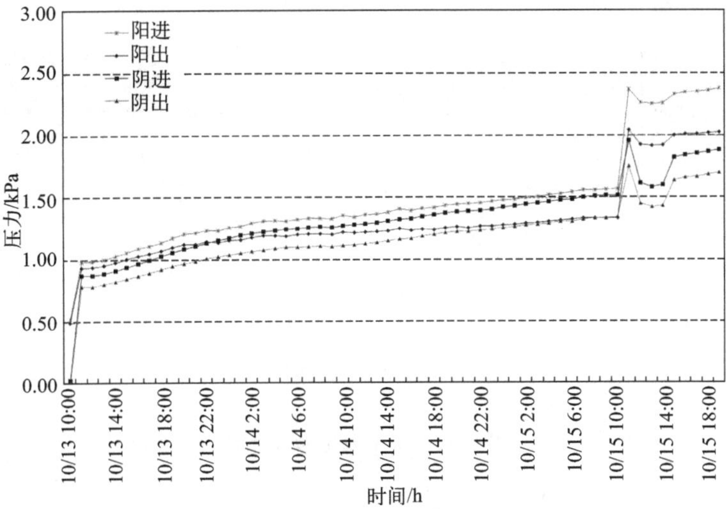

图 3.48　升温过程中压力曲线

图 3.49 为各个堆塔的电流-电压与电流-功率结果，从各堆塔的放电曲线中可以看出，1#、2#、3#堆塔在 23A 达到功率峰值，4#堆塔在 25A 下达到功率峰值，4 个堆塔中，功率差值最大为 0.4kW，这表明堆塔的一致性很好，但气体的分布不均匀，导致堆塔内各个电堆运行条件一致性不足。图 3.50 为发电单元整体发电性能曲线，最大总发电功率为 15.7kW，此时燃气利用率为 66.8%，总体燃料电池发电效率为 36.9%。

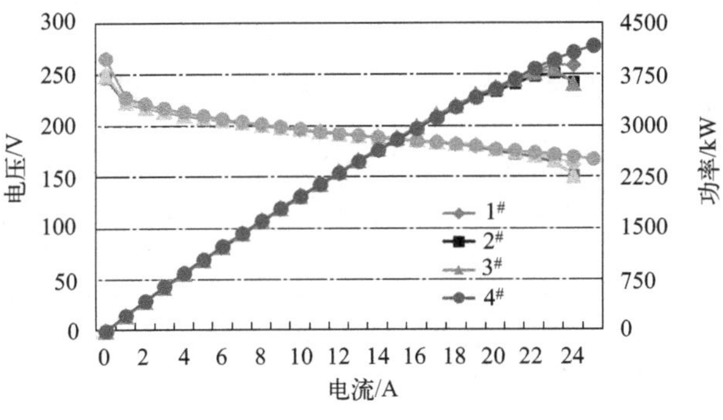

图 3.49　空气开放式 20kW 发电单元各个堆塔性能曲线

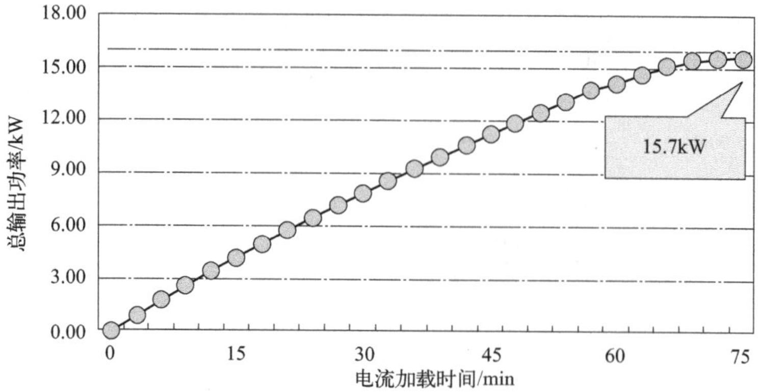

图 3.50 空气开放式 20kW 发电单元整体发电性能曲线

拉载完成后对发电单元进行降温，图 3.51 为各堆塔升温和降温过程中的温度-电压曲线，可以看到各堆塔升降温的电压变化曲线重复性较好。

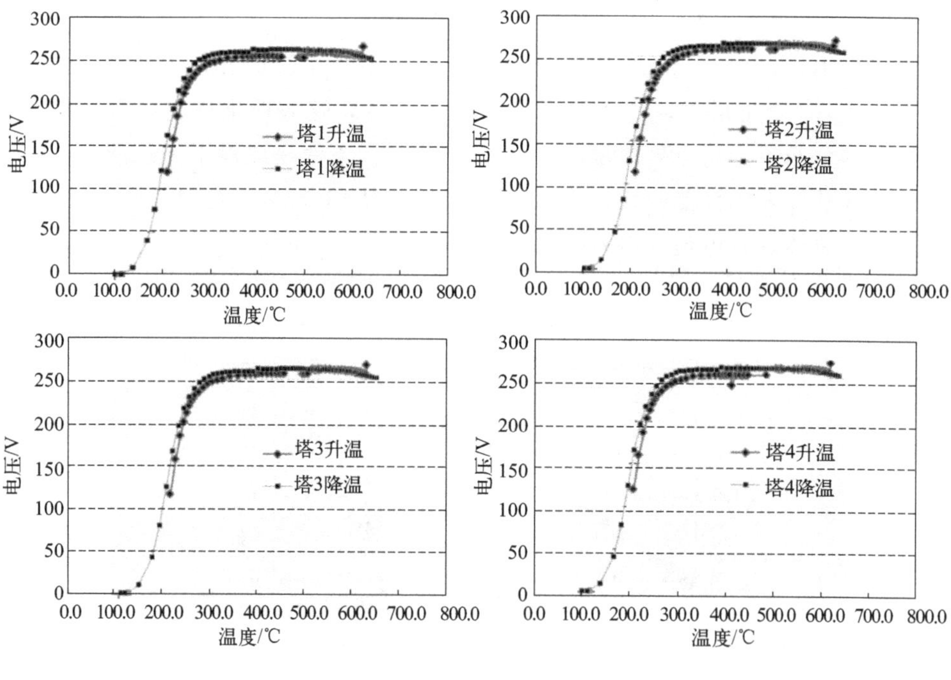

图 3.51 单堆塔升降温过程中温度-电压曲线

之后系统重新升温，温度稳定后进行电化学测试，结果如图 3.52 所示。发电单元达到最大发电功率 19.956kW，此时总电流为 116A，燃料利用率为 63.62%，燃料电池发电效率达到最大值 42.84%，随后系统开始长期稳定性测试。由于气体分布不均匀、导线高温氧化等多种原因，长期稳定放电过程中不断调整电流，维持电堆性能稳定。

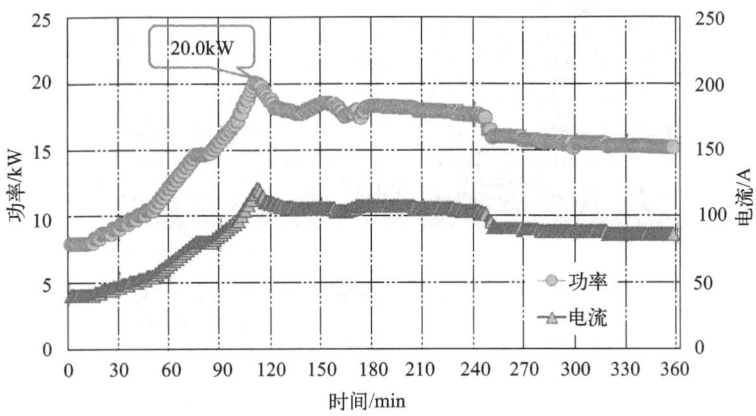

图 3.52　空气开放式 20kW 发电单元稳定性测试

3.4.2.2　K 型电堆空气开放式模块

开放式 K 型 20kW 发电单元在 20kW 测试平台中增加了阳极尾气循环，改进了装置的水管理情况，加强了热箱的保温，改进了热箱开孔的控制。发电模块由 18 个 K 型单堆组成，共 6 个堆塔，设计电池发电功率 16kW。20kW 级 K 型发电模块集成验证平台实物图如图 3.53 所示。

装置调试完毕具备运行条件，开始进行升温过程，控制热箱阴极出口温度升温速率不大于 20℃/h，阴极电加热器升温速率 40℃/h，最高温度 820℃，空气量 $90m^3/h$，阴极高温换热器通入空气的气量 $40m^3/h$；阳极电加热器升温速率 30℃/h，最高温度 330℃。图 3.54 为升温过程各堆塔的出口温度，升温过程温度相对均匀，电加热器升温到 650℃，稳定 30min，说明热箱保温效果较好。

系统平均温度达到 650℃以后，开始进行拉载放电，先后测试了氢气单程工况、循环工况，合成气单程工况、循环工况和长周期稳定性等 5 种工况。在氢气单程工况下，最大发电功率 15.1kW；氢气循环工况下，最大发电功率

图 3.53 20kW 级 K 型发电模块集成验证平台

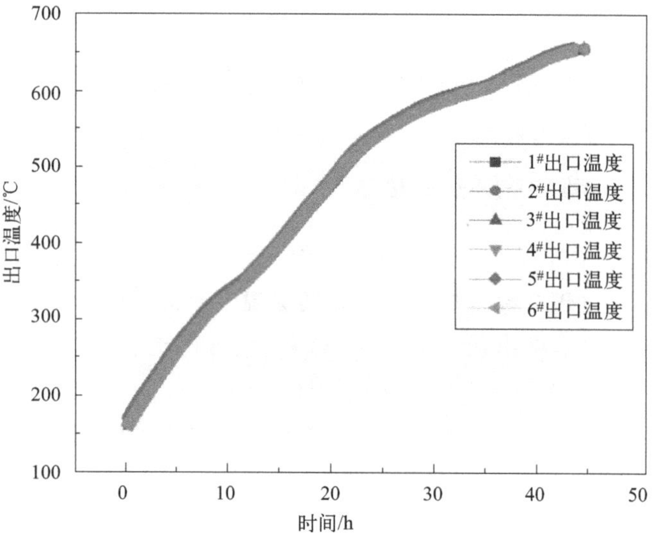

图 3.54 升温过程中各堆塔的温度曲线

12.1kW，燃料利用率 65.4%，燃料电池发电效率 42.2%，其中 5# 、6# 塔发电效率 50%。整体运行约 150h，测试数据如图 3.55 所示。

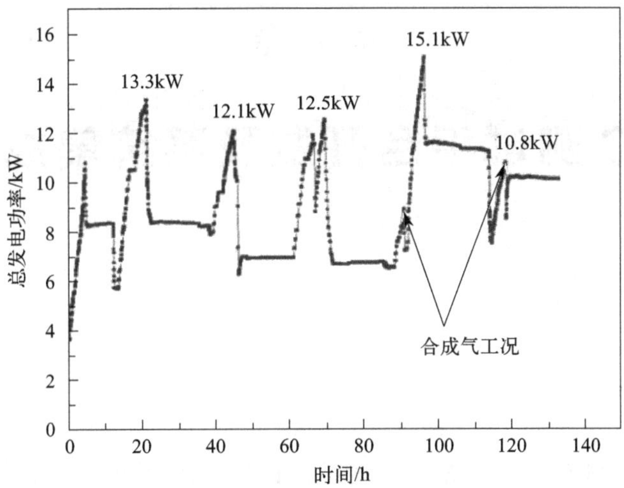

图 3.55　K 型 20kW 发电单元整体运行过程

第4章

IGFC 测试平台开发及系统集成示范

2017 年，国家“十三五”重点研发计划立项“CO_2 近零排放的煤气化发电技术”项目，由国家能源集团牵头，联合中国矿业大学（北京）、清华大学、中国华能集团清能研究院等相关单位，共同推动国内 IGFC 技术研发与示范。项目立项之初，国内高温燃料电池技术落后，仅研发出千瓦级电池堆样机，系统集成和验证尚属空白；相关研究和产业链基础薄弱，缺乏规模化、可长周期运转的实验平台，迫切需要建立 IGFC 技术验证平台体系和试验示范基地。

4.1 IGFC 测试平台开发

4.1.1 1kW 级 IGFC 测试平台

作为 IGFC 系统集成放大的基础，开展 1kW 固体氧化物燃料电池堆在不同燃料气体（如 H_2、合成气、CH_4 等）和不同温度下的多维度综合工况测试，对于开发更大规模的发电模块具有基础性和广泛性的意义。自主设计并建成了具有自主知识产权的 1kW 高温燃料电池测试平台，为电池堆的测试提供了必要条件，为得到电池堆的各项综合性能打下了坚实的基础。

根据 SOFC 低压高温工作特点，设计 1kW 测试平台主要包括热箱，气体供给系统，混合罐，仪器仪表控制系统，预加热系统，电池堆，换热器，电子负载，尾气采样，排放管道，安全系统和结构框架。图 4.1 为 1kW 测试平台的布局图，测试平台的整体框架长 2.81m，宽 1.73m，高 2.42m。整体分为三个区域，第一个区域上部放置热箱，下部放置电子负载和仪器仪表控制系统；第二个区域放置混合罐、预加热器；第三个区域布置气体供给系统。

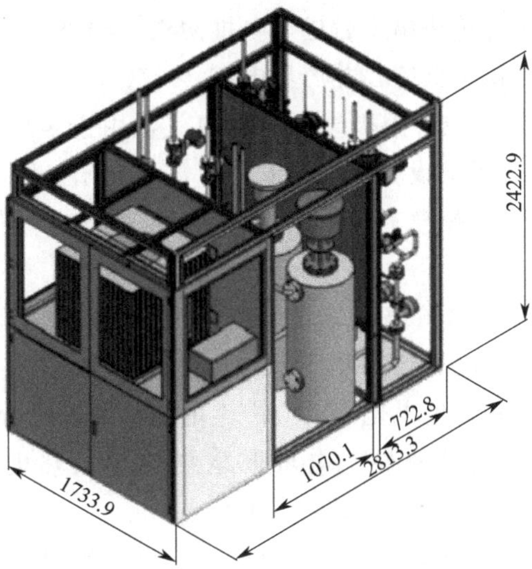

图 4.1　1kW 级 IGFC 测试平台布局图（单位：mm）

燃料电池的气源包括阳极可燃性气体和阴极氧化性气体，阴极气体通常采用空气或氧气。通过将气体反应时的化学能转化为电能，实现向外供电。燃料电池堆可供电量与气源总量密切相关，燃料电池发电系统达到大功率发电需要大量可燃气和空气，虽然过量的气源可满足发电要求，但是会造成能源浪费，因此需要对气体流量进行严格的设计。1kW 级 IGFC 测试平台气体供给系统有以下特点：

① 多条气体管路，为多工况测试提供条件。气体分配管路包括氢气、一氧化碳、二氧化碳、甲烷、氮气、空气、水蒸气共七组，其中氢气、一氧化碳、二氧化碳、甲烷、氮气、水蒸气六组气体为电堆阳极侧气路；空气气路为电堆阴极侧气路。

② 管阀件位置合理，安全性高。每组管路从接口起依次设置切断阀、高压压力表、减压阀、低压压力表、过滤器、质量流量计、单向阀。

③ 气体流量满足 1kW 电堆测试要求。氢气最大流量为 20L/min，一氧化碳最大流量为 12L/min，二氧化碳最大流量为 5L/min，甲烷最大流量为 5L/min，氮气最大流量为 20L/min，空气最大流量为 80L/min。

④ 增加预混罐，有利于气体形成均一相。气体管路在减压阀后设置压力

变送器，来自钢瓶的氢气、一氧化碳、甲烷、二氧化碳或合成气经减压后，与蒸汽在预混罐中混合作为阳极气体，气体混合缓冲气罐后设置压力和温度变送器，阳极气体经阳极加热器加热至预热温度后进入电堆阳极。空气作为阴极气体经阴极加热器加热至预热温度后进入电堆阴极。阳极气体和阴极气体在电堆的阳极和阴极发生电化学反应，并产生电流。

⑤ 设置管路吹扫侧线。阳极气体包含氢气，由于氢气爆炸极限范围较宽（4.0%～75.6%），为保证设备和人员安全，需要在阳极侧设置吹扫置换管路，便于有效排出阳极侧可燃气管道内的残余空气或可燃气体，避免两种气体混合。

⑥ 安全性好。在空气管路和氮气管路的流量计附近设置应急管路，以避免断电、超压等突发情况导致电堆损坏。

热箱是放置电堆并发生电化学反应产生电能的关键位置，因此热箱的设计需要综合考虑电堆、气体管路、电堆取电导线以及热电偶等的摆放布局。1kW 级 IGFC 测试平台热箱设计具有以下特点：

① 热区内部结构十分紧凑，布置合理。热区内部部件主要包括电堆、气体管路、支撑体、布气板以及集电材料等。

② 气体管路布置充分利用了热区内部的空间，并且有效排布。气体管路主要包括阳极进气管路、阴极进气管路、阳极尾气管路、阴极尾气管路。其中阳极进气管路和阴极进气管路与电堆相连前在热箱腔内盘绕一圈，以加强换热提高进气气体温度，避免电堆入口产生较大的温度梯度。

③ 电炉加热炉丝从上到下分为上、中、下三段，依据各段所需功率设计炉丝数量。由于中段是电堆放置的主要区域，因此设计的加热功率最大，上、下两段设计的加热功率相比中段较小，这样能够合理地分配能量输入，降低能耗。并且三段式加热丝的设计更能保障热区内部温度的均一性，减小热区纵向的温度梯度。

除气体管路和热箱之外，电堆的稳定运行需要预加热器、混合罐、尾气换热器等相关配套设备。目前，国内尚没有针对千瓦级固体氧化物燃料电池的相关辅助设备，因此千瓦级 IGFC 测试装置中的设备均为自主设计开发，降低了购买成本并具有良好的实用性。

阳极混合罐：由于阳极成分复杂，而通入燃料电池的气体又要求稳定均一，因此在电堆前端设计了阳极混合罐，使氢气、一氧化碳、二氧化碳、甲烷、水蒸气、氮气有效混合。

阳极尾气换热器：气体在电堆内部进行反应之后，温度升高，有效组分减少，反应生成的无效组分增多，因此需要对尾气进行处理，分离阳极尾气中的水蒸气，降低排放温度以达到直排标准。换热器内部采用多管设计，增大了冷却面积，提高了冷却效率，在有限的体积内可以迅速将 800℃或更高温的阳极尾气冷却到 100℃以下，实现气液两相分离，避免了尾气管道内形成冷凝水，达到相应排放要求。阳极尾气换热器除了收集冷凝水外，还添加了液位感应装置，可以根据液位及时排水。

阴极尾气换热器：阴极气体相比于阳极气体组分种类少，气体流量大。阴极气体组分主要为氧气和氮气，在进入电池反应后，阴极气体中的氧气被大量消耗，但是由于空气中氧气浓度较小，因此阴极尾气流量相比进气流量不会出现大幅度下降，流量仍然较大。设计阴极换热器时需要考虑较大换热面积，实现大流量的高温气体迅速降温。

安全联锁包括报警、联锁和停车系统，用于保障装置及其辅助设施的安全操作。为了预防和应对生产过程中可能出现的各种异常情况，不仅需要操作人员实时监控装置的各个温度、压力、流量等参数，并及时有效地发现异常情况，还需要报警联锁装置对异常的参数自动做出响应。由于千瓦级 IGFC 测试装置是高温运行的发电装置，需通入可燃气体和氧化性气体，一旦有气体泄漏可能会有着火、回火甚至爆炸等危险，对人员生命和财产造成损失。因此在设计装置时不仅添加了阻火器、单向阀等防回火装置，还增设了自控系统，通过点对点连接以及数字控制，自动对装置运行中的各个检测点进行实时的监控，包括温度测点、压力测点和流量测点，并设计相应的正常操作范围和报警联锁值，对于不在正常范围和达到相应报警联锁值的工况，按照对应的报警等级和联锁方案，系统自动执行相应的处理动作。

综合考虑以上各方面因素，在宁煤实验基地建成了多套 1kW 级 IGFC 测试平台，如图 4.2 所示。

4.1.2　5kW 级 IGFC 测试平台

在将单电堆进行系统集成前，需要对其中涉及的堆塔结构设计、电连接、布气板、密封材料、绝缘材料等技术和零部件进行全面考察。在 1kW 级 IGFC 测试平台搭建经验基础上，设计并搭建 5kW 级 IGFC 测试平台作为 20kW 级 IGFC 发电单元的先导性电堆集成验证平台，通过在 5kW 级 IGFC 测试平台对上述技术进行研究以及优化改进，验证堆塔结构设计及高温关键零部件性能。

5kW 级 IGFC 测试平台主要包括热箱、脱硫罐、气体供给系统、混合罐、

图 4.2 位于宁煤实验基地内的 1kW 级 IGFC 测试平台

预加热系统、换热器、循环风机、冷凝罐、电子负载、尾气采样、排放管道、仪器仪表控制系统、安全系统和结构框架。图 4.3 为 5kW 级 IGFC 测试平台的布局图，整个框架长 3m，宽 3m，高 2.4m。测试装置从前向后分为三个区域，前端放置热箱，中部放置混合罐、预加热器和换热器，后部放置电子负载和仪器仪表控制系统及气体分布管路。

图 4.3 5kW 级 IGFC 测试平台布局图

5kW 级 IGFC 测试平台关键设计如下：

① 气体分配管路包括合成气、氢气、甲烷、氮气、空气、水蒸气共六组；每组管路接口压力为 0.8MPa。每组管路从接口起依次设置切断阀、高压压力表、减压阀、低压压力表、过滤器、质量流量计、单向阀；氮气可切入其他气

体管线，用于气路吹扫。

② 合成气管线设置两个脱硫罐，将合成气精脱硫至 50×10^{-9} 以下，两个脱硫罐并联，一用一备；脱硫罐前后设置气体取样点。

③ 混合罐为合成气、循环气、水蒸气有效混合；混合罐带有电加热系统，加热后气体温度约 200℃；混合罐后管道带有电伴热功能，加热温度不低于 250℃；混合罐前的蒸汽管道设置保温或伴热，避免水蒸气冷凝；混合罐后设置气体取样点；混合罐设置压力高低位报警。

④ 热箱内分别设有阳极（主要为合成气及水蒸气的混合气，部分工况采用氢气或甲烷代替合成气）入口和出口、阴极（空气）入口和出口；电堆操作温度和压力条件比较苛刻，为避免电堆损坏，需严格控制电堆温度和压力；阳极入口气体经换热器换热后温度由约 200℃升至 700℃，换热器后管线设置温度和压力上下限报警及联锁；阴极入口气体经换热器换热后温度由常温升至 700℃，换热器后管线设置温度及压力上下限报警及联锁；电堆外设置加热炉，加热炉内保持温度为 800℃，电堆内气体压力不超过 3kPa；阳极气体出口管线设置温度、压力、温度差和压力差上下限报警及联锁；阴极气体出口管线设置温度、压力、温度差和压力差上下限报警及联锁。

⑤ 5kW 级 IGFC 测试平台设置有阳极尾气循环系统，电堆阳极出口气体经换热器一次换热后温度降至 380℃，而后经循环尾气冷却器水冷降温至 70℃，之后经循环风机加压；为避免水进入循环风机，循环风机前设置分液罐，并配备液位计和排放装置；循环气经循环风机加压后通过质量流量计返回混合罐，循环气的流量为设定值，超过流量设定值的气体经气表计量后去焚烧炉；循环尾气冷却器前、后配置温度传感器，尾气冷却器后配置压力传感器；循环尾气流量计后设置气体取样点。

⑥ 测量控制和安全系统采用 PLC＋数字量/模拟量模块的形式，可以实时采集系统不同位置的温度、压力、流量等信息；测量控制和安全系统，配置相应的服务器和工程师站，具有良好的人机界面，对系统各处参数可以进行设定和监控，对采集的数据可以连续记录，并根据情况提示或者报警；在显著位置配置急停按钮，能够及时切断可燃气体和加热等电力供应，并向电堆内等高温区域灌注氮气等惰性气体避免火灾和爆炸发生；配置可燃气体、一氧化碳等易燃易爆和有毒有害气体检测和报警装置，并在报警情况下按急停方式处理。

目前，在宁煤实验基地已建成 2 套 5kW 级 IGFC 测试平台，如图 4.4 所示。

图 4.4 位于宁煤实验基地内的 5kW 级 IGFC 测试平台

4.1.3 20kW 级 IGFC 测试平台

20kW 发电单元是 IGFC 试验示范系统的基本单元。1kW 和 5kW 级 IGFC 测试平台的测试结果显示电堆一致性满足集成设计要求，在小规模集成模块内，各堆塔发电性能一致性较佳，为 20kW 级 IGFC 发电单元的设计与运行提供了充足的参考数据。基于 1kW 级和 5kW 级 IGFC 测试结果，对 20kW 级 IGFC 发电单元进行工艺流程图设计、管路和仪表流程图设计以及模块结构设计，并基于此流程进行物料平衡计算；同时开展系统中所涉及的关键部件的研究与开发，通过调研、模拟分析和小试实验，对相应的关键部件进行定制与采购；此外还通过 CFD 模拟系统空气开放设计与工况下的气体流动，验证电堆模块的设计可靠性。

20kW 级 IGFC 发电单元开发包括测试平台建设和发电模块研发两大部分。根据实验测试结果及文献调研，可知 SOFC 原料气中 H_2 的含量越高，发电效率越高。IGFC 宁煤示范基地供应的合成气原料中 H_2/CO 比例约为 1.68，在实际测试过程中发现，CO 含量过高不仅影响电堆发电效率，并且容易造成积碳问题。根据要求，H_2/CO 的进料体积比需要在 1～3 之间，考虑系统的稳定性，可通过 WGS 变换将进入原料气体中 H_2/CO 比例调节为 2.8 左右。20kW 级 IGFC 发电单元工艺流程图如图 4.5 所示，工艺流程设计主要包括原料进气控制、尾气处理、电堆模块以及系统关键设备。

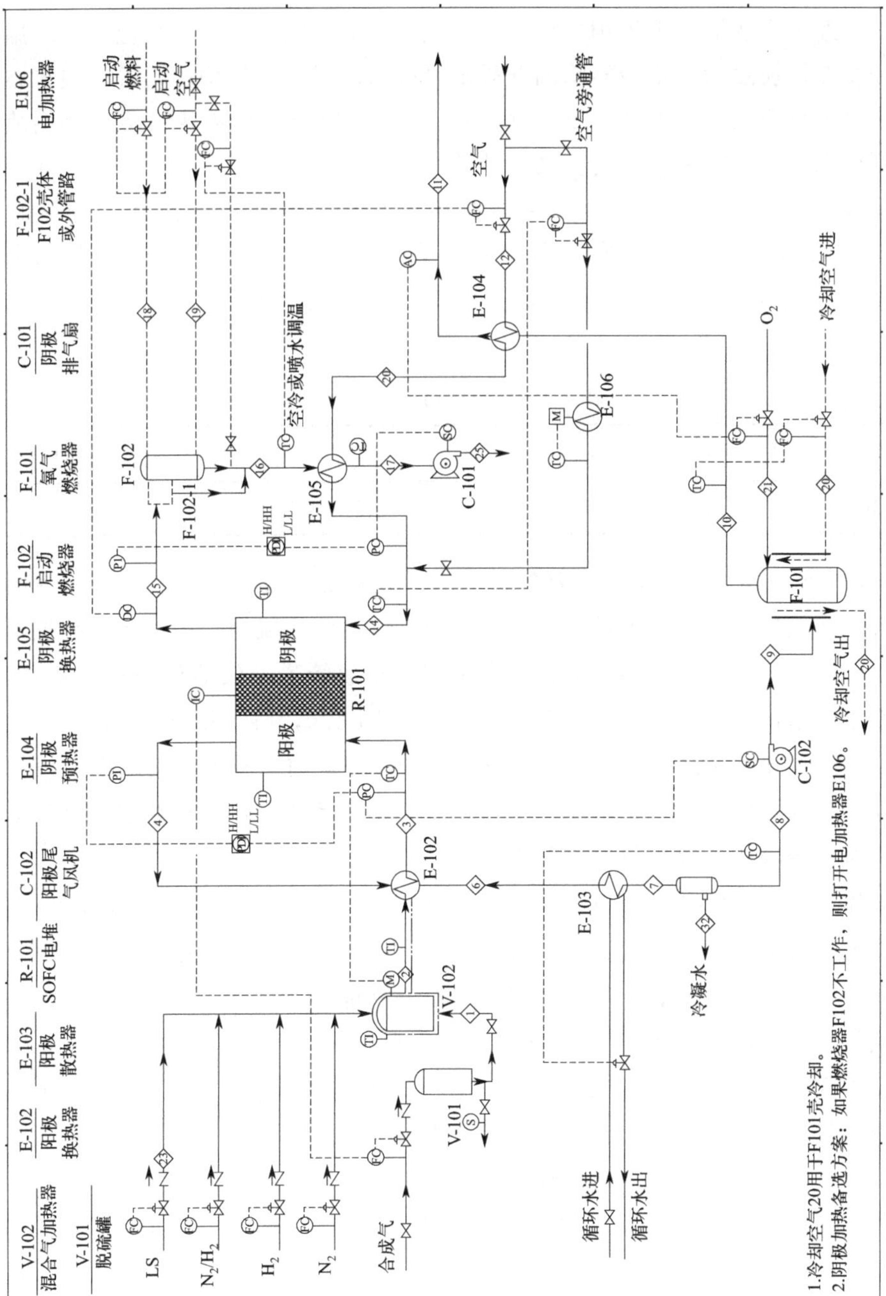

图 4.5　20kW 级 IGFC 发电单元工艺流程图

阳极入口气体包括氢气、合成气、水蒸气和氮气。来自管廊减压后常温的阳极合成气（组成见表4.1）经脱硫后与氮气、氢气、水蒸气在电加热器中加热，然后经过换热器与电堆阳极尾气气体换热后进入电堆阳极。反应后的高温尾气经换热器换热后经水冷器降温并排出冷凝水，后经风机增压，进入纯氧燃烧器中将未反应完全的CO、H_2等可燃气体进行焚烧，焚烧后的尾气经换热器与阴极入口气进行换热后进入尾气处理管廊。

阴极入口气体为空气，来自管廊减压后常温空气先经换热器与纯氧燃烧器的尾气换热后再次经换热器与阴极尾气进行换热，最后进入电堆阴极。未反应的空气从阴极出口流出后经换热器后被冷却，然后经过引风机排空。

表4.1 合成气组分分析

组分	H_2O	N_2	Ar	H_2	CO	CO_2	CH_4
摩尔分数/%	0	1.125	0.018	61.774	36.711	0.237	0.135

20kW级IGFC发电单元主要包括气体供给系统、脱硫罐、混合罐、预加热系统、换热器、热箱电堆模块、电子负载、风机、冷凝罐、阳极尾气纯氧燃烧器、阴极空气燃气启动燃烧器、尾气采样、排放管道、仪器仪表控制系统、安全系统和结构框架等。测试装置的示意图如图4.6，整个框架长4.5m，宽3.8m，高2.8m。测试装置从前向后分为两个区域，前端放置热箱电堆模块和换热器，后部为辅助系统，辅助系统包括气体供给系统、预加热系统、电子负载、风机、冷凝罐、仪器仪表控制系统等。

气体供给系统中包括氮气、氢气、合成气、氧气、空气、水蒸气和氢/氮混合气七组管路，每组管路从接口起依次设置手动球阀、切断阀、中压压力表、减压阀、低压压力表、气体过滤器、质量流量计、单向阀等主要设备，其中水蒸气管路在流量计前端设计脱水罐，合成气管路在减压阀前端设计脱硫罐。其中氮气、氢气、合成气、氧气、空气和水蒸气通过管网供气，氢/氮混合气由氢气和氮气管线配气，经减压后进入系统。

装置启动过程中有两种热启动模式，分别为电加热启动和燃气启动。根据装置的不同启动模式、阴极原料气的进气方式有所不同。在电加热启动模式下，空气经过过滤器、切断阀、减压阀后分为两路进入燃料电池反应堆的阴极。一部分通过换热器与阳极尾气纯氧燃烧器的尾气进行换热，然后经过高温换热器与电堆阴极高温尾气换热到目标温度后进入燃料电池反应堆的阴极，一

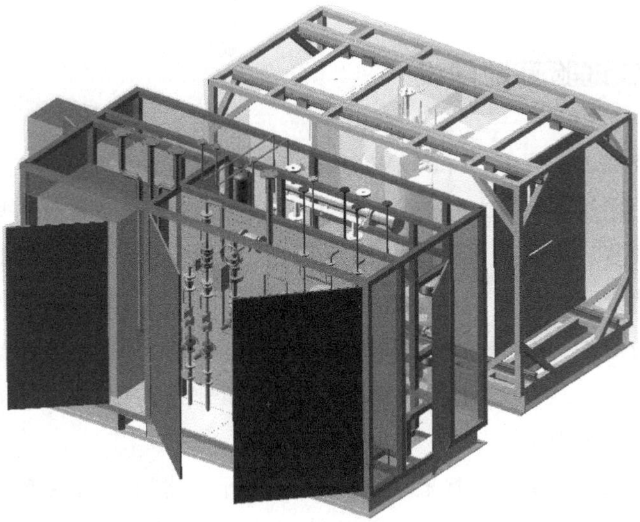

图 4.6　20kW 级 IGFC 发电单元布局设计

部分通过高温加热器加热到目标温度进入燃料电池反应堆的阴极。在燃烧器启动模式下，开启启动燃烧器，空气经过滤、减压后进入燃烧器与合成气混合燃烧，启动燃烧器的尾气通过高温换热器将经过换热器与纯氧燃烧器尾气换热的部分空气加热到目标温度进入燃料电池反应堆的阴极。待系统运行稳定，电堆内电化学反应放出的热量足以维持电堆温度时，电加热器和启动燃烧器停止工作，低温空气通过与纯氧燃烧器尾气和阴极高温尾气换热升高温度后进入电堆阴极。

电堆模块放置于热箱内，热箱内设置多个测温点，阳极进出口气体压力检测点，电压检测点、电流检测点，热箱外设计紧急放空、阻火器等。

测量控制和安全系统采用 PLC＋数字量/模拟量模块的形式，可以实时采集系统不同位置的温度、压力、流量等信息；测量控制和安全系统，配置相应的服务器和工程师站，具有良好的人机界面，对系统各处参数可以进行设定和监控，对采集的数据可以连续记录，并根据情况提示或者报警；在显著位置配置急停按钮，能够及时切断可燃气体和加热等电力供应，并向电堆内等高温区域灌注氮气等惰性气体避免火灾和爆炸发生；配置可燃气体、一氧化碳等易燃易爆和有毒有害气体检测和报警装置，并在报警情况下按急停方式处理。

4.2 IGFC 试验基地建设

试验示范基地建设是为 500kW 的合成气燃料电池发电示范系统提供厂房与配套设施，建筑面积 $4000m^2$，建设内容包括 500kW 发电示范装置的试验车间、电子负载室、准备间及配套公用工程等，其中配套工程包括但不限于总图道路、煤制油分公司厂区生产装置至试验车间的公用工程系统接入、试验车间内部所有公用工程、电子负载室和准备间内的所有公用工程等。整个示范基地建设分二期进行，其中一期于 2019 年建设完毕并投入使用，二期工程建设于 2022 年 4 月建成投用。

2018 年 8 月 28 日试验基地一期实验车间开工建设，利用煤制油厂全厂停车检修时机，完成了氢气、合成气、沼气等原料气从生产装置主管开孔引线，管线施工穿越生产区长度近 3km。2019 年 10 月 9 日在基地完成了现场交工验收，并投入使用，其中实验厂房 $800m^2$，配套控制室、机柜间、分析室等 $1000m^2$。包括低碳院、宁煤、设计、施工、监理等 7 家单位近 120 人参与建设，历时 1 年多时间；主要工程量包括混凝土浇筑 $1900m^3$，电缆导线约 5×10^4m，管道约 5400m，管道阀门约 160 台，仪表约 100 个，设备 13 台。

二期示范工程于 2021 年 3 月开工建设，按计划完成基础施工、主体结构施工、厂房封顶、墙体及屋面保温、厂房地面硬化、管道安装、室内消防及暖通安装、电气受送电、系统联校等，并进行二期工程三查四定整改收尾和二期组态调试工作，2022 年 4 月最终校审竣工资料与验收，具备接收发电装置的条件。

在完成 IGFC 的关键材料筛选、零部件开发、电堆模块研制、辅助设备选型和评估、系统工艺及控制策略研究等工作后，需要通过 IGFC 系统集成示范来进行整体性能和效果验证。本章开展了 100kW 级（5×20kW）IGFC 系统、单机 30kW 级 SOFC 热电联供系统和 50kW 级高效 SOFC 发电系统集成示范。

4.3 100kW 级 IGFC 系统集成示范

4.3.1 100kW 级 IGFC 试验示范系统设计

IGFC 试验示范系统主要工艺物料及公用工程有：N_2、H_2、合成气、水蒸气、空气、O_2、循环水、仪表风、动力配电等。图 4.7 为 IGFC 试验示范系统工艺流程，表 4.2 为 IGFC 试验示范系统主要物流数据表。

在 IGFC 试验示范系统内，5 套 20kW 发电单元相对独立，工艺物料经统一处理后分别进入 20kW 发电单元内部。每个 20kW 发电单元在燃料利用率为 90.5%的设计工况下发电功率为 23.3kW，燃料电池发电效率为 55.0%。5 套 20kW 发电单元累计设计发电功率 116.5kW。

表 4.2 IGFC 试验示范系统物流数据表（基于 Aspen PlusTM）

物流参数	温度/℃	压力(表压)/MPa	流量		
			kmol/h	kg/h	m^3/h
氢气	25	0.8	1.04	2.090	23.23
合成气	25	0.8	2.01	25.37	45.02
水蒸气	135	0.35	0.79	14.21	17.70
空气	25	0.6	60	1731.25	1344
氧气	25	0.6	0.155	4.95	3.47
阴极尾气	40	0.002	—	—	—
阳极尾气	40	0.002	—	—	—

IGFC 试验示范发电系统（5 套 20kW SOFC 发电单元）从配电间接入动力配电电缆，为设备启动及运行过程供电。配电电缆分出逆变配电电缆接入并网逆变器，并网逆变器直流侧接燃料电池堆塔（电堆），交流侧接入逆变配电电缆。IGFC 示范基地设置负载室，室内配置了 3 套 120kW 交流负载，从配电间接入动力电缆为交流负载供电。

当燃料电池处于工作状态时，其发出的电能通过逆变配电电缆输送至动力配电电缆，此部分电能将优先被 SOFC 发电单元（系统）内部的辅助设备，如风机、电加热器等消纳，如有剩余则会通过动力配电电缆输送至配电间及上级电网。如希望燃料电池输出电能不送入电网，即燃料电池发电系统处于“并网测试”工作模式，只需将负载间的负载箱打开，将燃料电池产生的剩余电能通过负载消纳掉即可。在配电间的主供电电缆处设置电能表，即可监测燃料电池发电系统电能方向，预防燃料电池系统向电网反送电。

4.3.2 100kW 级 IGFC 试验示范系统运行

IGFC 试验示范系统由煤气化净化工业装置供气，包括 5 套 20kW 级

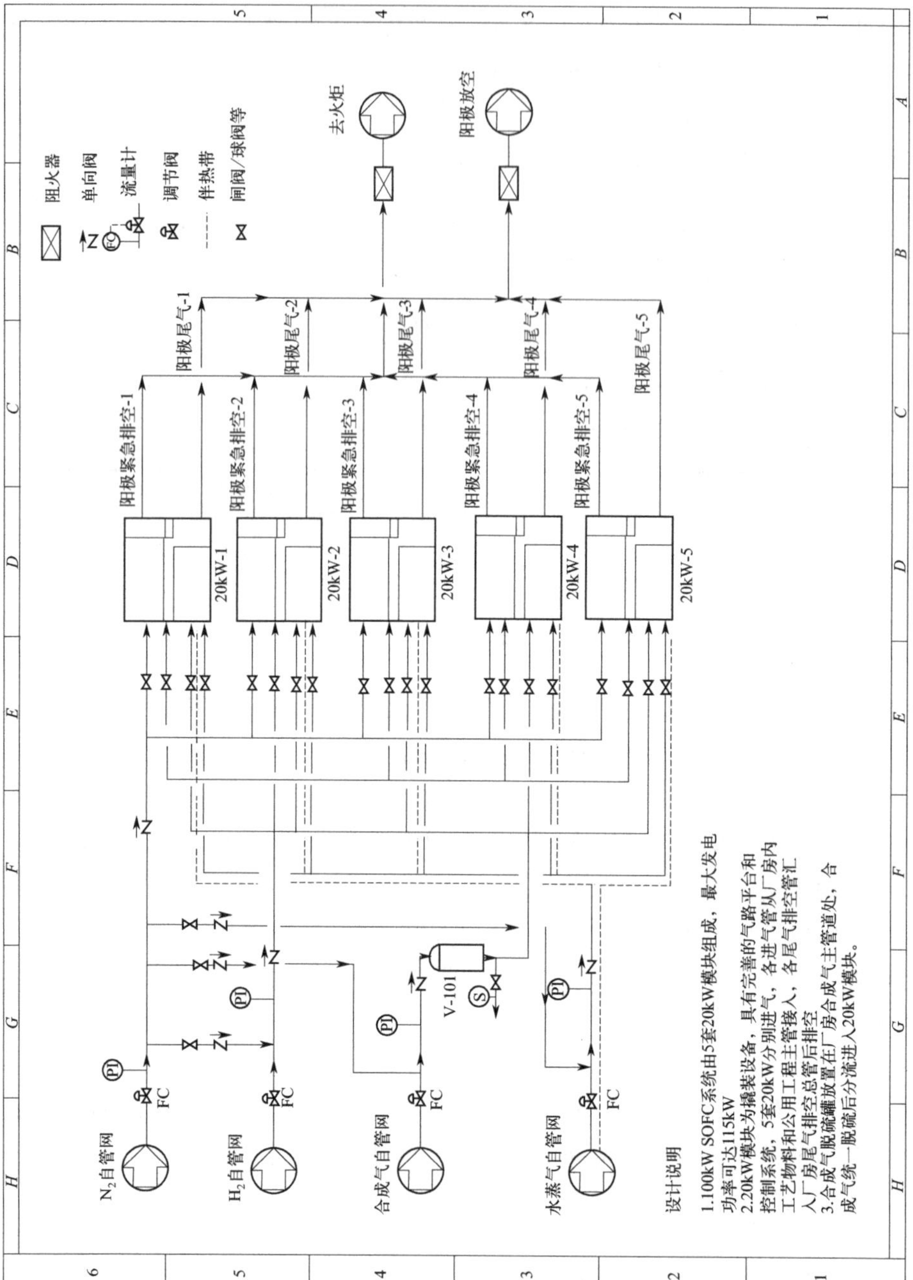

图 4.7 IGFC试验系统工艺流程图

SOFC 发电模块，分批次建成。首先开展了 1# SOFC 发电模块（20kW-A2，见图 4.8、图 4.9）建设、测试运行及优化，一次集成 4 个堆塔共 16 个电堆。

图 4.8　20kW-A2 模块外形

图 4.9　20kW-A2 装置外形图

2021 年 10 月，20kW-A2 系统完成建设，在具备开车条件后，阳极气体输入氢氮保护气，阴极通入空气准备升温。在通入气体过程中需要保证电堆阳极与阴极气体的压差不超过 3kPa，因此采用交替阳极气体、阴极气体以增加流量，同时调整阳极与阴极风机频率的方式保证电堆入口阳极气体压力大于阴极气体压力，且尽量保证 0.5kPa<压差<2.0kPa。

当气体流量达到设定值后设定加热设备的升温程序，主要的加热设备包括阳极加热器、阳极伴热器和阴极加热器，辅助加热设备为阳极高温换热器与阴极高温换热器，通过加热设备对常温气体进行加热，然后高温气体在电堆模块中流动时带动电堆模块升温。此次升温过程中，通过监控电堆模块内各堆塔平均温度的升温速率调整加热设备的加热程序，保证电堆升温速率约 15℃/h。当系统内电堆模块温度升至设定温度后，准备进行氢气工况下的性能测试。首先将阳极气体由保护气切换为氢气测试气体工况，减小氮气 0.5m^3/h，同时增加氢气 1.0m^3/h。最终氢气流量为 13.5m^3/h，氮气流量为 3.4m^3/h，空气流量保持 115m^3/h。待气体流量、系统各处气体压力稳定后，进行加载发电测试。加载过程中关注各堆塔电压随电流增加的稳定情况，并在电流 25.5A、总发电功率 18.6kW、燃气利用率 70.5%、发电效率 50.5%工况下，进行长周期稳定性测试。长周期测试过程的气体工况条件如图 4.10 所示，电流和功率曲线如图 4.11 所示，从图中可以看出在运行约 90h 过程中系统运行较稳定，衰减率为 1.1%/1000h。

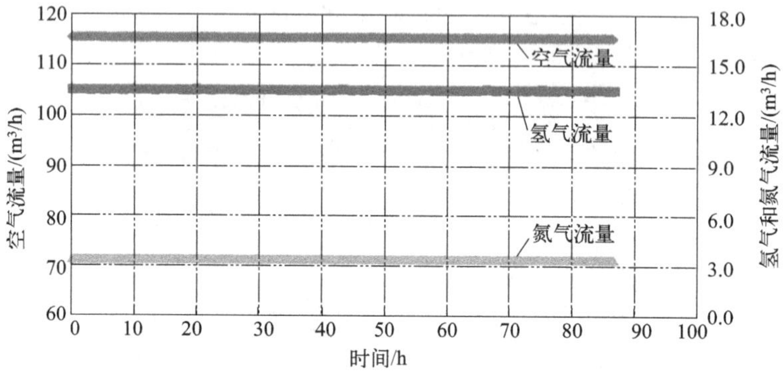

图 4.10 20kW-A2 系统氢气工况长周期运行工况参数

完成氢气工况测试目标后进行合成气工况测试。首先将电子负载电流降至 0A，然后通入已加热至 150℃的水蒸气 2.2kg/h，随后使用交替方式调整氮气、氢气和合成气流量，将氮气逐步降至 0m^3/h，氢气降至 5.9m^3/h，合成气增至 7.6m^3/h。待流量稳定后，开始进行拉载，然后逐步拉载至 30A，测试最大发电功率 21.2kW，燃料电池发电效率 55.6%，燃料利用率 83.7%。在加载过程中各个单塔的一致性较好。然后在氢碳比 2.97 的阳极进气条件下进行长周期稳定性测试，如图 4.12 所示，稳定运行过程中氢气流量 5.1m^3/h，合成气流量 8.4m^3/h，水蒸气流量 2.5kg/h，空气流量 115.0m^3/h。合成气工况下，系统发电功率与电流如图 4.13 所示，长周期运行总时长约 100h，功率衰减率约为 1.5%/1000h，表明系统在运行过程中稳定性较高。

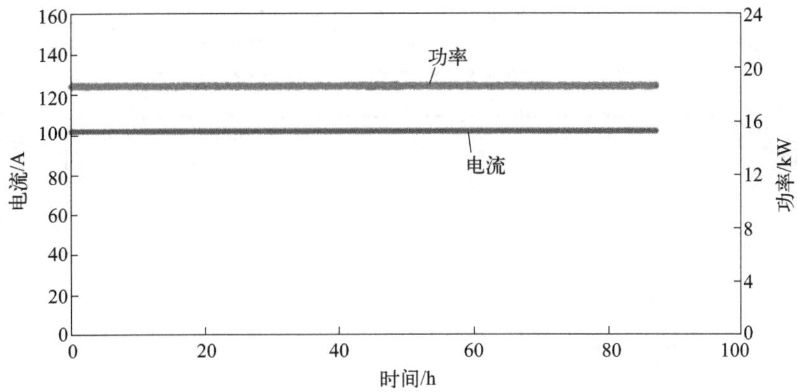

图 4.11　20kW-A2 系统氢气工况长周期运行电流和功率曲线

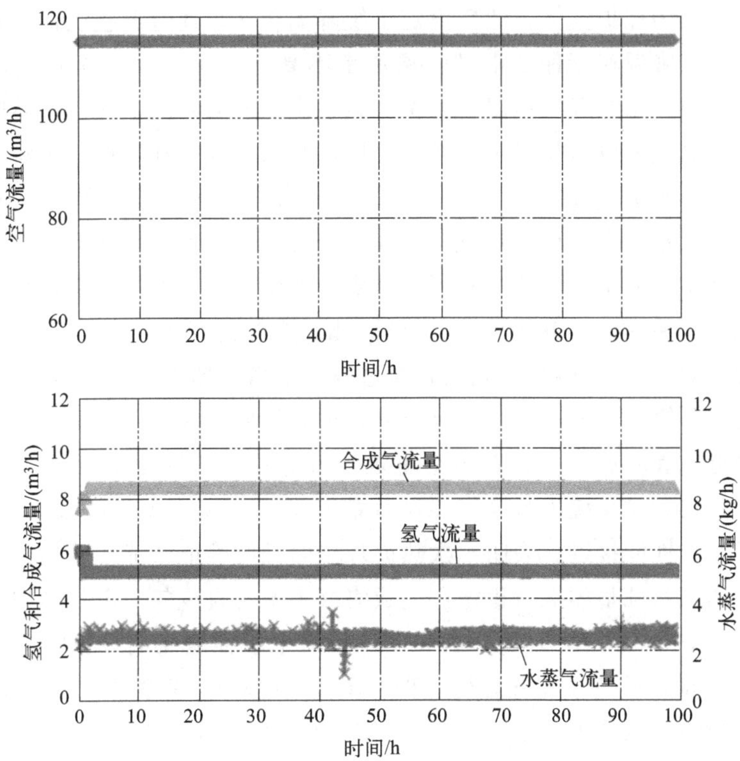

图 4.12　20kW-A2 系统合成气工况长周期运行工况参数

完成合成气工况测试后，进行系统启停测试。首先将电流降至 0A，再将

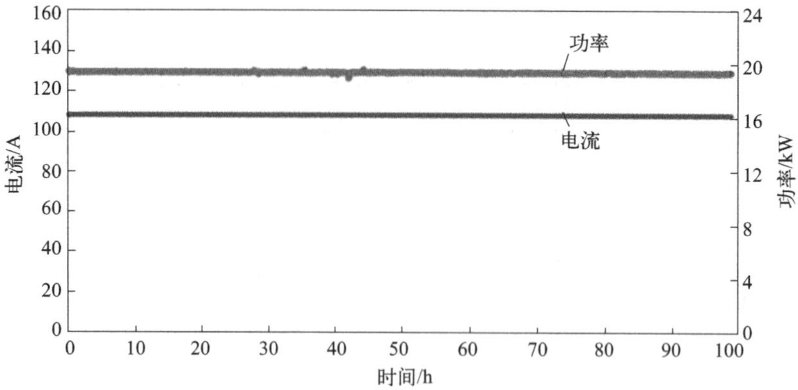

图 4.13 20kW-A2 系统合成气工况长周期运行

阳极气体切换为保护气体，然后设定系统降温程序，通过调整阴极加热器、阳极加热器出口降温速率保证电堆降温速率不高于 15℃/h，直至热箱内各温度测点降至室温。系统降至室温后，参考第一次的升温工况，通入气体时采用交替阳极、阴极气体以增加流量，同时采用调整阳极风机和阴极风机频率的方式保证电堆入口阳极气体压力大于阴极气体压力，0.5kPa＜压差＜2.0kPa。气体流量达到设定值后开启加热设备的程序升温，将电堆模块温度升高至设定温度。此次升温过程中同样通过监测各堆塔平均温度的升温速率来调整加热器加热升温程序，保证电堆升温速率约 15℃/h。升温过程中，四个堆塔的开路电压变化趋势如图 4.14 所示，此次升温过程中堆塔开路电压在 150～300℃之间快速升高，与第一次升温过程略有差异，但是堆塔高温处开路电压值与第一次升温后接近，表明启停过程对各个电堆的开路电压没有显著影响。待系统温度、电压稳定后对系统进行氢气工况性能验证。如图 4.15 所示，其性能与首次升温后系统性能接近，表明本次热循环未对系统性能造成显著损伤。

本次测试系统整体运行稳定，完成氢气工况与合成气工况长周期测试，当温度变化速率为 15℃/h 时，一次热循环后对电堆性能无明显影响，并完成了 CO_2 吸附验证。此测试装置运行过程如图 4.16 所示，在测试过程中以氢气为燃料时系统最大发电功率 21.3kW，燃料电池发电效率 57.7%，燃料利用率 82.9%；以煤制合成气为燃料时系统最大发电功率 21.2kW，燃料电池发电效率 55.6%，燃料利用率 83.7%。发电系统在氢气与煤制合成气工况下实现长周期稳定运行超过 270h，系统功率计算衰减率分别为 1.1%/1000h（氢气工况）和 1.5%/1000h（合成气工况）。

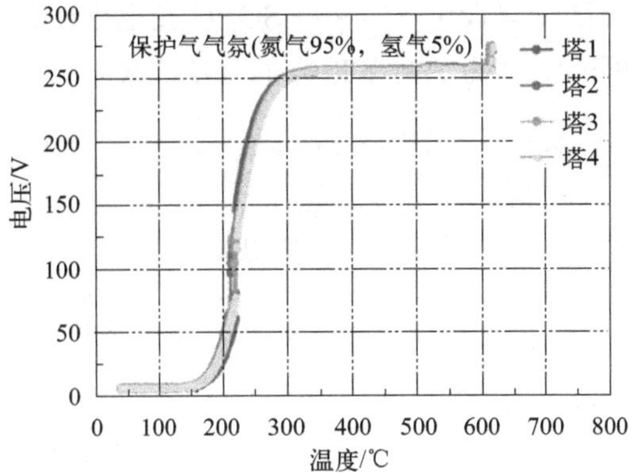

图 4.14　20kW-A2 系统第二次升温电压变化

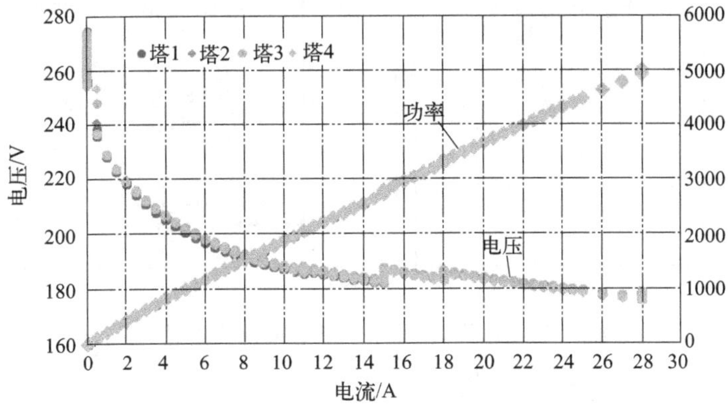

图 4.15　20kW-A2 系统启停实验氢气工况拉载

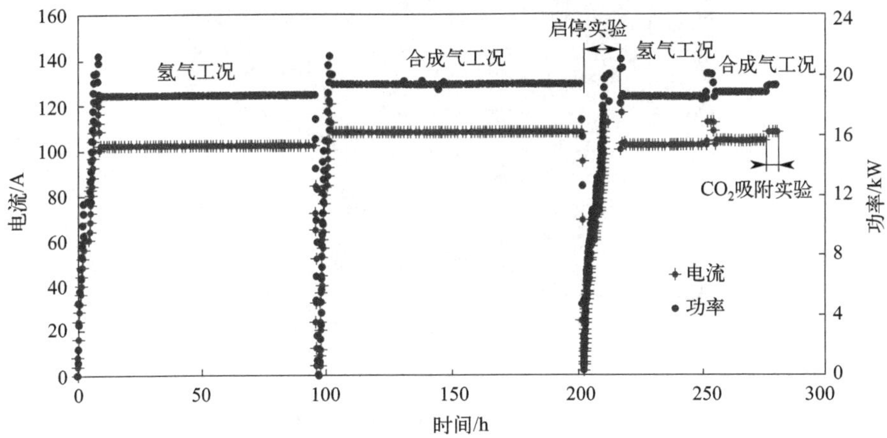

图 4.16　20kW-A2 系统运行总图

在此基础上，又陆续建设了 2# ～5# SOFC 发电模块，构成 IGFC 试验示范系统。图 4.17 和图 4.18 为示范基地内的 IGFC 试验示范系统流程示意图和现场装置。

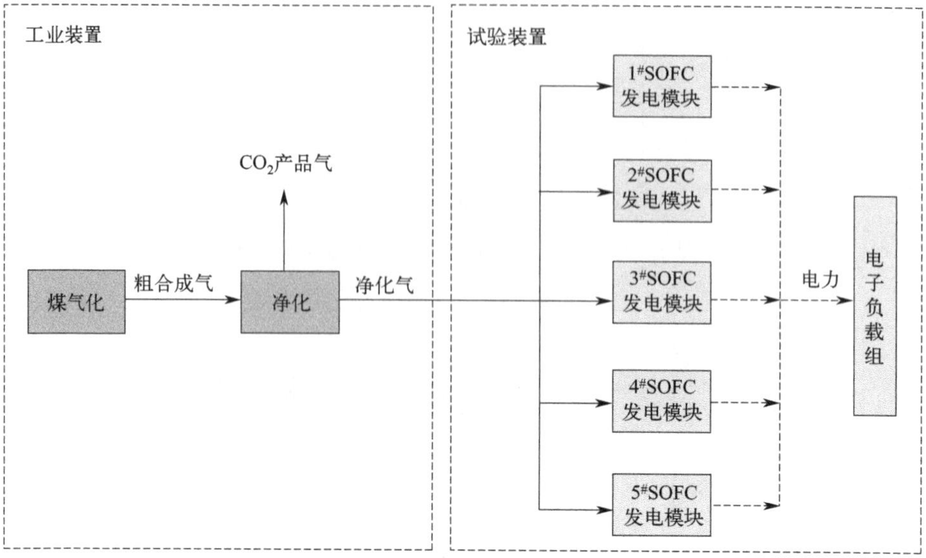

图 4.17　IGFC 试验示范系统流程示意图

图 4.18　IGFC 试验示范系统现场装置

在具备开车条件后，IGFC 试验示范系统的电堆模块按照如下步骤进行发电性能测试。

① 电堆模块中通入氢氮保护气后进行升温，保持升温速率小于 20℃/h。

② 当电堆模块内温度达到拉载工况时，且开路电压稳定（2h 内波动维持 ±2%）后，将氢氮保护气切换为测试工况，测试工况条件如表 4.3 所示。

③ 待气体流量稳定后，采用定电流的阶段式拉载，加载速率为 1～5A/min，每隔 1min 自动记录发电模块的电流-电压特性。

④ 燃料电池入口气流量、反应温度和压力等各操作参数每隔 1min 自动记录一次；粗合成气与净化气每 4h 分析一次，CO_2 产品气每日分析一次。

表 4.3　试验示范系统测试工况条件

温度/℃	压力/kPa	原料气			运行时间/h
		氢气(体积分数)/%	一氧化碳(体积分数)/%	二氧化碳(体积分数)/%	
700～800	1～3	95%～100%	0%～5%	<1%	>72

IGFC 试验示范系统的整体运行情况如图 4.19 和图 4.20 所示，系统连续稳定运行了 100h 以上，燃料电池系统最大发电功率 101.7kW，燃料电池模块最大发电效率 57.3%，在尾气循环工况下燃料电池发电效率可以达到 53.2%，CO_2 捕集率为 98.6%（CO_2 纯度 97.4%）。

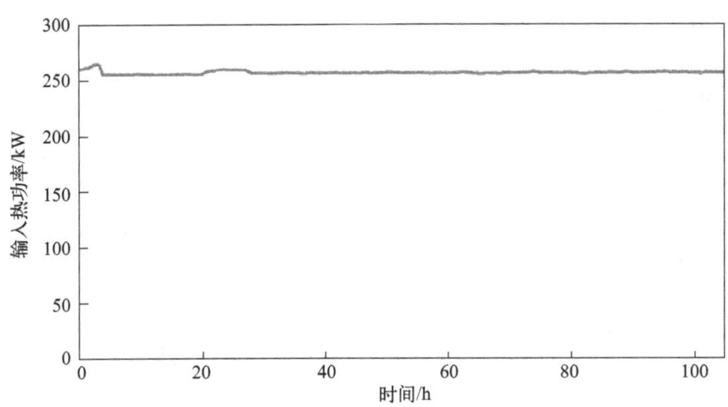

图 4.19　IGFC 试验示范系统输入热功率总图

图 4.21 为试验示范系统中 1# 发电模块的运行结果，该发电模块的最大发电功率为 20.6kW，最大燃料电池发电效率为 55.5%，此时燃料利用率为 79.7%。1# 发电模块稳定运行 160h 后，将模块降载后进行变工况试验，在保

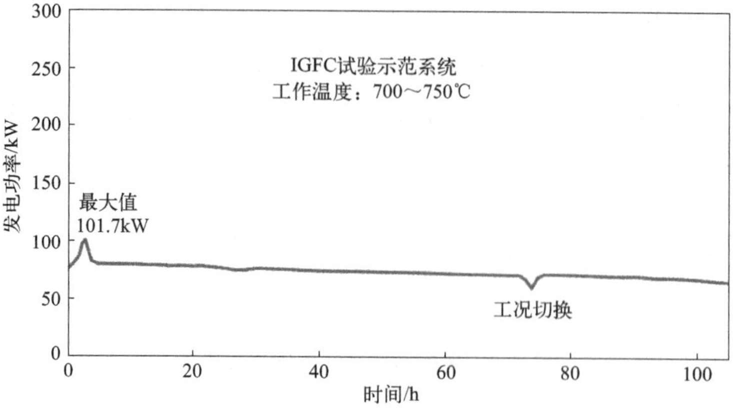

图 4.20 IGFC 试验示范系统发电功率总图

证原料气体总流量不变时，改变原料气中合成气含量，原料气组成、拉载电流及发电性能结果如表 4.4 所示。

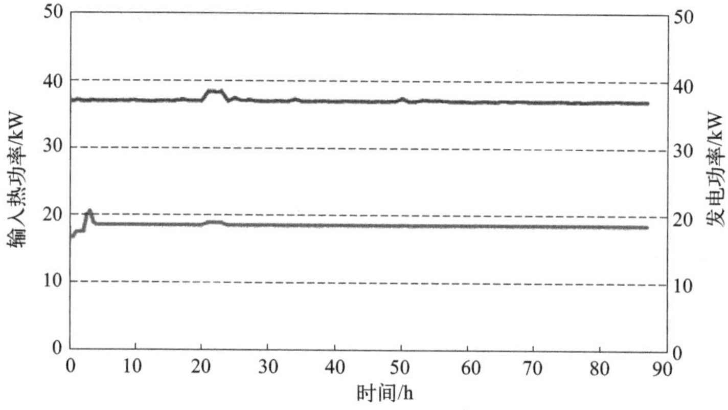

图 4.21 示范系统 1# 发电模块运行结果

表 4.4 示范系统 1# 发电模块变工况测试结果

氢碳比	水碳比	电流/A	发电功率/kW	燃料电池发电效率/%	燃料利用率/%
3.8	1.3	28	19.8	51.7	77.6
3.8	1.3	26.5	18.9	50.0	74.0
3.8	1.0	28	19.8	51.6	77.3

续表

氢碳比	水碳比	电流/A	发电功率/kW	燃料电池发电效率/%	燃料利用率/%
3.8	0.7	28	20.0	52.6	77.8
3.15	1.3	28	19.8	52.1	78.3
3.15	1.0	26.5	19.0	50.0	74.2
2.5	1.3	28	19.7	50.9	77.3
2.5	1.3	26.5	18.8	49.1	74.1
2.5	1.0	28	19.7	50.7	77.1
2.5	0.7	28	19.8	52.0	78.8
2	1	25	18.0	46.7	70.0

图 4.22 为试验示范系统中 2[#] 发电模块的运行结果，该发电模块稳定运行时间超 160h，在运行 75h 时进行合成气工况切换，氢碳比为 3.9。2[#] 发电模块的最大发电功率为 21.2kW，燃料电池最大发电效率为 57.3%，此时燃料利用率为 82.6%。

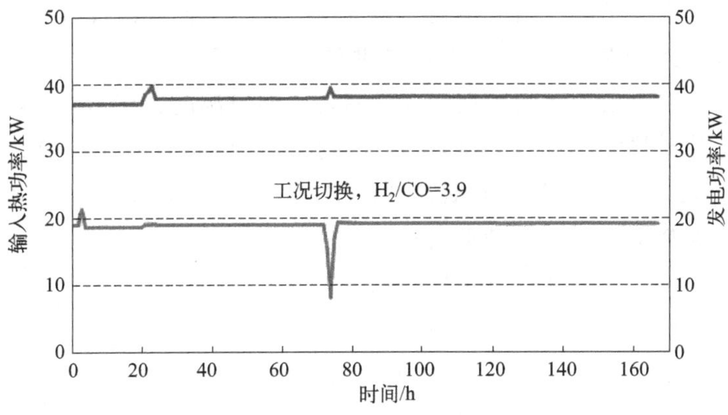

图 4.22　示范系统 2[#] 发电模块运行结果

4.4　单机 30kW 级 SOFC 热电联供系统

为提高系统净发电效率、燃料多样适用性和长期稳定性，基于 20kW 发电模块技术，通过关键工艺参数优化与调控，开发了单机 30kW 级 SOFC 热电联供系统。

4.4.1 系统设计

30kW 级 SOFC 发电系统包括气路平台和发电单元模块，设计最大发电量为 31.9kW，额定发电量 30kW。气路平台实现燃料电池的供气、控制、换热等功能。发电模块由 24 个电堆组成，每个电堆之间采用串并联连接，气路为并联，电堆模块设有温度监测点。

气路平台流程：来自气瓶或管网的氢气经减压稳定后与电堆阳极出口气体进行换热，经 E-101 预热后的燃料气，进入到电堆模块 R-101 阳极，在阳极发生电化学反应并放出热量，反应后的气体给阳极进气预热，换热后的阳极尾气进入燃烧器 F-101 进行燃烧，燃烧尾气通过 E-102 加热阴极空气，换热后的尾气经水冷器 E-103 进一步冷却，产生热水，电堆尾气经气液分离后由风机送到阴极尾气管网。

空气经过滤后由阴极空气引风机 C-101 给电堆阴极提供氧化性气体，阴极空气在进入电堆之前经 E-102 加热，阴极部分氧气经电堆参与电化学反应产生电能并放出热量，放出的热量被多余的空气带走，阴极尾气中含有大量的氧气，可通入到 F-101 参与阳极尾气的燃烧反应，为阴极入口气体的加热提供能量。图 4.23 为 30kW 级 SOFC 热电联供系统流程图。

以 20kW 发电模块运行数据为设计基础，假设温度、压力、气体流量在每个电池片上分布均匀，利用 Aspen 软件对发电过程进行模拟计算，模拟流程如图 4.24 所示。其中，利用能斯特方程式(4.1) 计算电压，利用式(4.2) 和式(4.3) 计算整个系统的热量平衡：

$$E=E_0+RT/2F\ln(P_{H_2}P_{O_2}^{1/2}/P_{H_2O}) \tag{4.1}$$

$$Q_4=Q_e-Q_g \tag{4.2}$$

$$Q_4-Q_1-W=0 \tag{4.3}$$

$$2H_2+O_2 = 2H_2O \tag{4.4}$$

式中 Q_e——式(4.4) 的反应热；

Q_4——阳极产生的净热量；

Q_g——加热燃料和空气的热量；

Q_1——热损失，在这里设定为 6.3kW；

W——发电量。

经模拟计算，得到 30kW 级固体氧化物燃料电池发电系统的设计性能指标，见表 4.5。

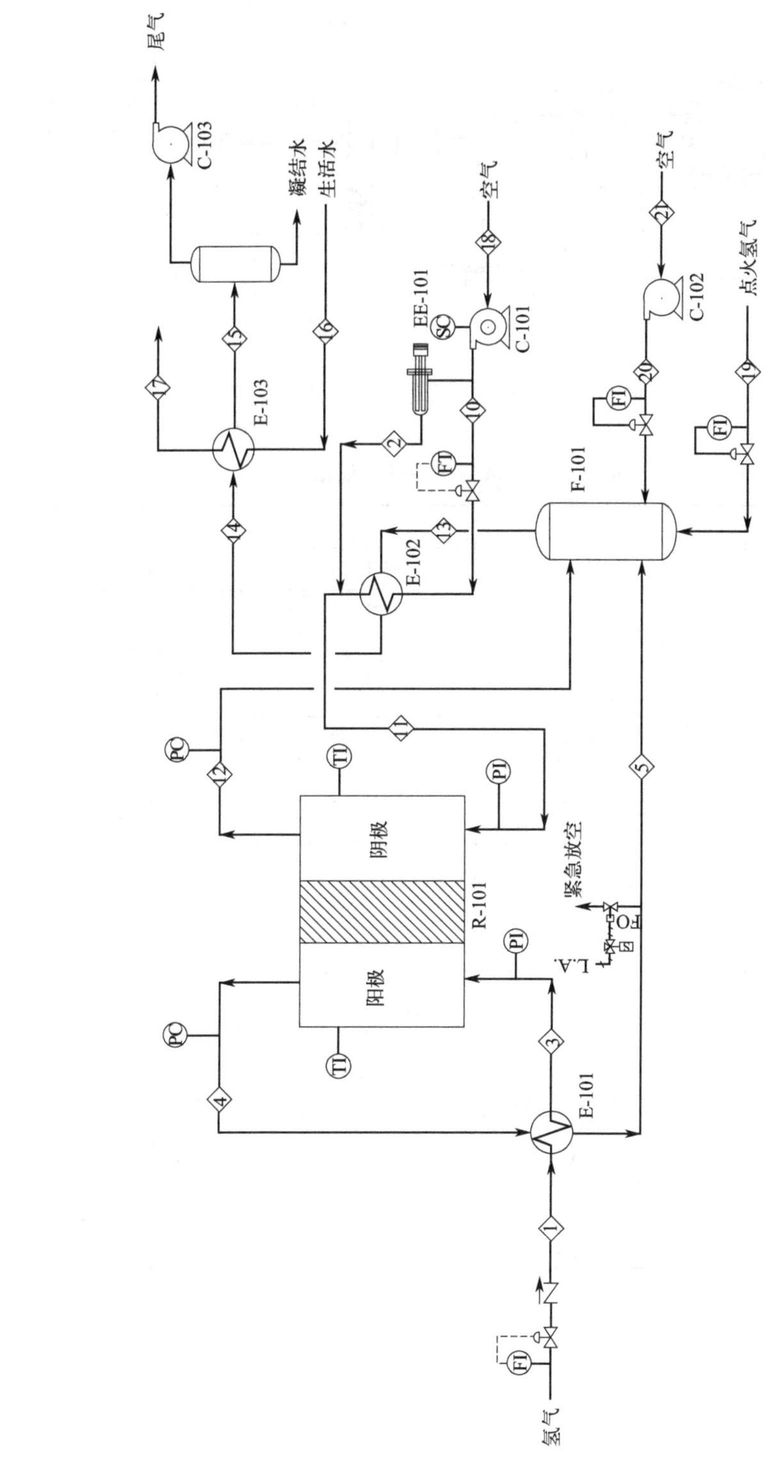

图 4.23　30kW 级 SOFC 热电联供系统流程图

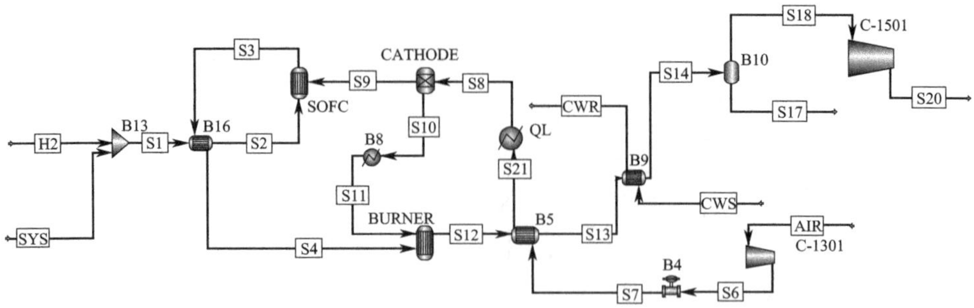

图 4.24 30kW SOFC 热电联供系统 Aspen 模拟流程

表 4.5 30kW 热电联供系统设计性能指标

项目		氢气工况	
		最大工况	额定工况
模拟输出功率	kW	31.95	30
合成气/H_2 流量	m^3/min	19.75	19.75
	kmol/h	0.806	0.806
	kg/h	1.612	1.612
空气流量	m^3/h	224.5	224.5
	kmol/h	9.16	9.16
	kg/h	265.8	265.8
电流	A	30	28
模拟电池片电压	V	0.87	0.899
模拟电效率	%	51	50
系统耗电	kW	4.4	3.84
模拟系统效率	%	58.2	51.4
燃料利用率	%	85	79.3
散热估算	kW	6.3	6.8
产生热水	kg/h	500	450
综合效率	%	94.3	87.2

其中燃料利用率计算式如下：

$$U_f = \frac{n_{e^-} \times 3.6}{N_{H_2} \times 2} \tag{4.5}$$

$$I=I_g \times N_{cell} \times \alpha \tag{4.6}$$

$$I=Q/t=n_{e^-}F \tag{4.7}$$

$$n_{e^-}=\frac{I}{F} \tag{4.8}$$

式中　U_f——燃料利用率，%

I_g——电子负载拉载电流值，A；

N_{cell}——单堆电池片数；

α——电堆组合系数，由电堆串并联形式和电堆个数决定（例如，4 个电堆串联，$\alpha=4$）；

I——总电流，A；

Q——电荷，C；

t——时间，s；

n_{e^-}——迁移电子量，mol/s；

F——法拉第常数，$F=96485.33$C/mol。

发电效率：

$$\eta_{DC}=\frac{3.6\times P_{DC}}{N_{fuel}\times LHV_{fuel}} \tag{4.9}$$

式中　η_{DC}——燃料电池直流发电效率，%；

P_{DC}——燃料电池直流发电功率，W；

N_{fuel}——燃料的物质的量；

LHV_{fuel}——燃料低位热值，kJ/kmol。

系统效率：

$$\eta_s=\frac{3.6\times(P_{DC}-P_C)}{N_{fuel}\times LHV_{fuel}} \tag{4.10}$$

式中　η_s——系统效率；

P_C——系统消耗的电量，W。

综合效率：

$$\eta_c=\frac{\sum M_o\times H_o+W_o}{\sum M_i\times H_i+W_i} \tag{4.11}$$

式中　η_C——综合效率，%；

M_i——输入的物料质量；

W_i——输入的能量；

H_i——输入的物质的焓值；

M_o——(除废气、废液、废固外）输出的物质的质量或能量值；

H_o——输出的物质的焓值；

W_o——输出的能量。

4.4.2 关键设备

通过模拟计算，得到整个系统的物料平衡与热量平衡数据，之后对 30kW 系统中关键设备进行测试验证。

(1) 燃烧器

根据模拟计算以及工艺流程的设计，燃烧器需要具备点火升温以及尾气充分燃烧的功能，由配风器壳体、氢气喷枪、阳极尾气喷枪、阴极尾气喷枪、混合旋流装置、点火装置等部分组成。按照使用需求，对燃烧器进行了出厂点火、升温测试（图 4.25）。测试数据见表 4.6。

图 4.25 燃烧器点火及升温测试

表 4.6 燃烧器点火及升温测试数据

氢气燃烧器	点火氢气(DN32)	点火空气(DN50)	阳极尾气(DN40)	阴极尾气 1(DN100)	阴极尾气 2(DN100)
启动(第一次点火)					
体积流量/(m^3/h)	34	45	25	250	192
启动前减压阀后压力/kPa	100	1	1	1	1
启动后减压阀后压力/kPa	0.1	1	1	1	1
阀门开度	70%	50%	45%	30%	30%

续表

<table>
<tr><td colspan="2">点火成功率:☑合格□不合格</td><td>出口温度/℃</td><td>270</td><td>测试结果:</td><td>合格</td></tr>
<tr><td>火焰检测</td><td>UV:☑合格□不合格</td><td colspan="2">离子:☑合格□不合格</td><td colspan="2">热电偶:☑合格□不合格</td></tr>
<tr><td colspan="6">启动(第二次点火)</td></tr>
<tr><td>体积流量/(m^3/h)</td><td>40.5</td><td>89</td><td>21</td><td>154</td><td>150</td></tr>
<tr><td>启动前减压阀后压力/kPa</td><td>100</td><td>1</td><td>1</td><td>1</td><td>1</td></tr>
<tr><td>启动后减压阀后压力/kPa</td><td>1</td><td>1</td><td>1</td><td>1</td><td>1</td></tr>
<tr><td>阀门开度</td><td>75%</td><td>50%</td><td>50%</td><td>30%</td><td>30%</td></tr>
<tr><td colspan="2">点火成功率:☑合格□不合格</td><td>出口温度/℃</td><td>270</td><td>测试结果:</td><td>合格</td></tr>
<tr><td>火焰检测</td><td>UV:☑合格□不合格</td><td colspan="2">离子:☑合格□不合格</td><td colspan="2">热电偶:☑合格□不合格</td></tr>
<tr><td colspan="6">启动(第三次点火)</td></tr>
<tr><td>体积流量/(m^3/h)</td><td>25</td><td>71</td><td>21</td><td>154</td><td>150</td></tr>
<tr><td>启动前减压阀后压力/kPa</td><td>0.1</td><td>1</td><td>1</td><td>1</td><td>1</td></tr>
<tr><td>启动后减压阀后压力/kPa</td><td>2</td><td>1</td><td>1</td><td>1</td><td>1</td></tr>
<tr><td>阀门开度</td><td>50%</td><td>38%</td><td>50%</td><td>30%</td><td>30%</td></tr>
<tr><td colspan="2">点火成功率:☑合格□不合格</td><td>出口温度/℃</td><td>270</td><td>测试结果:</td><td>合格</td></tr>
<tr><td>火焰检测</td><td>UV:☑合格□不合格</td><td colspan="2">离子:☑合格□不合格</td><td colspan="2">热电偶:☑合格□不合格</td></tr>
<tr><td colspan="6">连续运行(正常工况)</td></tr>
<tr><td>体积流量/(m^3/h)</td><td>36</td><td>92</td><td>29</td><td>416</td><td>404</td></tr>
<tr><td>启动前减压阀后压力/kPa</td><td>1</td><td>1</td><td>1</td><td>1</td><td>1</td></tr>
<tr><td>启动后减压阀后压力/kPa</td><td>1</td><td>1</td><td>1</td><td>1</td><td>1</td></tr>
<tr><td colspan="2">点火成功率:☑合格□不合格</td><td>出口温度/℃</td><td>112</td><td>测试结果:</td><td>合格</td></tr>
<tr><td>火焰检测</td><td>UV:☑合格□不合格</td><td colspan="2">离子:☑合格□不合格</td><td colspan="2">热电偶:☑合格□不合格</td></tr>
<tr><td rowspan="6">设备清单</td><td colspan="2">设备名称</td><td colspan="2">型号</td><td>数量</td></tr>
<tr><td colspan="2">焚烧炉壳体</td><td colspan="2">JY-F01-H50C</td><td>1 套</td></tr>
<tr><td colspan="2">燃烧器</td><td colspan="2">JY-H50C</td><td>1 台</td></tr>
<tr><td colspan="2">半导体点火、检测两用型点火棒</td><td colspan="2">JY-M14×480</td><td>2 支(一用一备)</td></tr>
<tr><td colspan="2">燃烧器控制器</td><td colspan="2">BCU258</td><td>1 台</td></tr>
<tr><td colspan="2">点火装置</td><td colspan="2">JY-RF820/4</td><td>1 台</td></tr>
</table>

(2)风机

在电堆发电功率及发电效率一定的情况下，对影响发电系统净电功率的关键设备鼓风机和引风机进行设计、选型，目标是在满足电堆用气量和系统最优压力的情况下，风机的耗电量越小越好，鼓风机和引风机的总耗电量不大于

4.4kW。模拟风机在系统中的压力要求，进行单机测试，测试结果显示风机的气量能满足设计要求，但耗电量略高，考虑鼓风机的实际运行气量要低于设计值，评估基本满足要求（图 4.26 和图 4.27）。

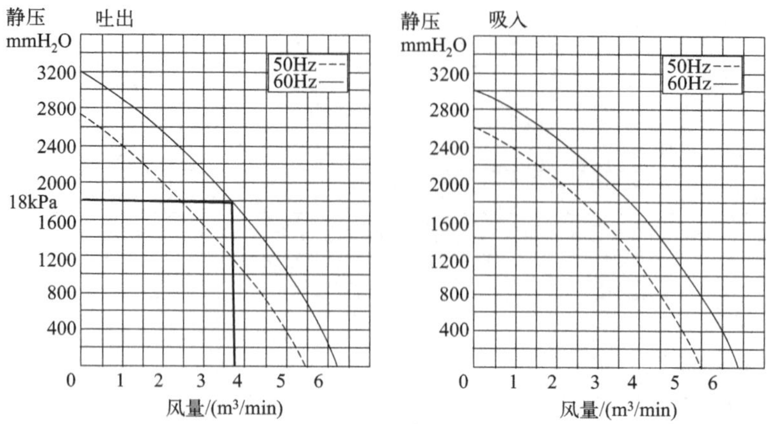

图 4.26 风机曲线

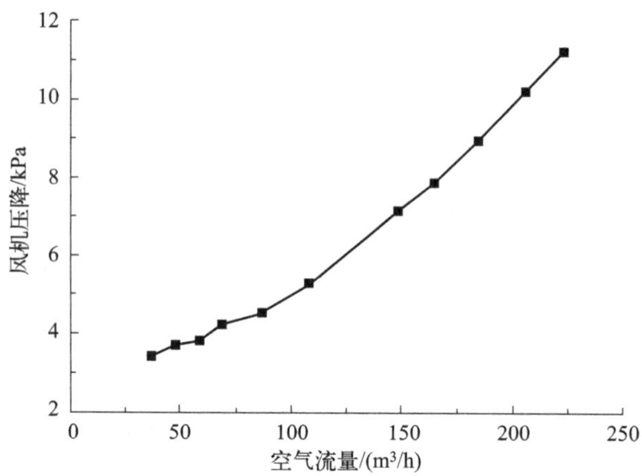

图 4.27 风机测试曲线

（3）换热器

在电堆发电功率及发电效率一定的情况下，对影响系统综合效率的尾气换热器进行设计选型，主要目标是提高换热效率，产生尽可能多的 80℃ 的热水，占地面积要足够小，尾气侧的压力小于 1kPa。根据设计的尾气温度，利用纯净水循环，测试尾气换热器的换热效果，测试结果基本满足换热的要求（图 4.28，表 4.7）。

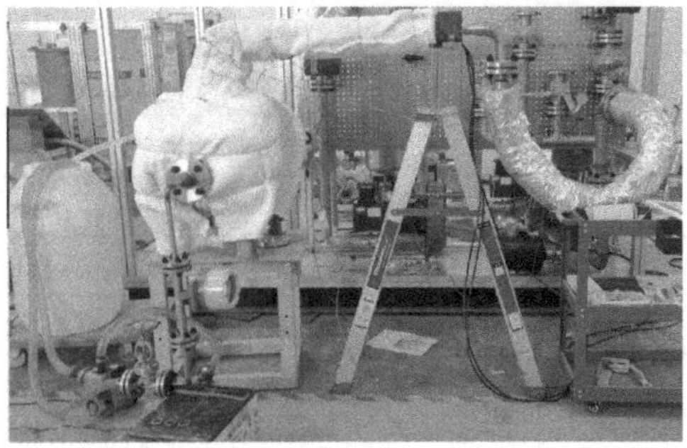

图 4.28　换热器单机测试

表 4.7　换热器测试结果

工况	热气体 /(m^3/h)	冷气体 /(m^3/h)	混合气 T_1/℃	热气出 T_2/℃	冷水出 T_3/℃	冷水进 T_4/℃	水量 /(kg/h)
正常工况	80	144	247.5	68.9	56.5	40	700
启动工况	89.5	68.5	446.3	86.9	90.9	70	600

4.4.3　系统组装

现场整装阶段根据进程分为初步气密测试、二次气密测试、电堆装配、合箱等。

将热箱内部（除电堆模块外以及连接管路）按照设计完成安装，并使用盲板将未连接的法兰固定，仅留一处用于向系统内通入气体。向系统内引入气源，使用气泡水测试系统内法兰连接处以及焊接处的气密情况。经过初步的气密检查，发现多处漏气位置。对泄漏点进行补焊或者切开打磨后重新焊接，同时对不满足尺寸设计位点进行修整，作业内容见表 4.8。

表 4.8　动火及堵漏位点统计

<table>
<tr><td rowspan="3">动火</td><td rowspan="3">切割</td><td>南侧热箱 UV 接管预留口切割扩孔</td></tr>
<tr><td>切除电堆模块定位螺杆</td></tr>
<tr><td>切除电堆模块最下层加强筋</td></tr>
</table>

续表

<table>
<tr><td rowspan="8">动火</td><td rowspan="8">切割</td><td>燃烧器尾气出口管</td></tr>
<tr><td>阳极尾气从换热器至燃烧器接管焊接法兰盘</td></tr>
<tr><td>西侧阳极总管热电偶接管焊缝</td></tr>
<tr><td>燃烧器进气腔焊缝</td></tr>
<tr><td>紧急排空管</td></tr>
<tr><td>UV 火焰检测器接管焊接</td></tr>
<tr><td>阳极氢气进换热器前管路改造</td></tr>
<tr><td>阴极空气进换热器前焊缝泄漏点</td></tr>
<tr><td colspan="2" rowspan="2">堵漏</td><td>燃烧器进气腔法兰泄漏点</td></tr>
<tr><td>阴极空气进换热器前法兰泄漏点</td></tr>
</table>

完成焊接后向气路内通入少量空气，再次通过气泡水测试系统内法兰连接处以及焊接处的气密情况，确认系统无漏点。将电堆装入放电模块内并使用绝缘电阻表进行电堆间绝缘性测试，然后使用取电杆和金属导线连接电堆与电子负载。各堆绝缘情况见表 4.9。

表 4.9 各堆绝缘情况

电堆序号	电阻/MΩ	电堆序号	电阻/MΩ
1	220	13	157.9
2	220	14	179.3
3	220	15	220
4	220	16	220
5	220	17	80.5
6	220	18	220
7	220	19	220
8	220	20	220
9	220	21	220
10	220	22	137
11	220	23	220
12	220	24	220

注：220MΩ 是超量程状态，实际电堆与模块之间阻值大于 220MΩ。

4.4.4　调试运行

4.4.4.1　总体情况

2023 年 8 月～11 月在 IGFC 宁煤试验基地现场对 30kW SOFC 热电联供系统进行了装配及运行测试。30kW SOFC 热电联供系统稳定运行了 312.8h，此次运行采用纯氢燃料燃烧启动，带动 SOFC 系统整体升温，完成了燃烧器启动升温、直流拉载、空燃比测试、自热平衡测试以及热电联供效率测试，测试完成后进行降载降温。30kW 最大拉载电流 30A，发电功率 32.4kW，最大供电效率 52.6%，热电联供效率 85%以上。此次运行确定了氢气燃料燃烧器点火条件以及升温过程点火氢气流量和点火空气流量调整规律，实现了纯氢燃料燃烧启动 SOFC 系统的技术突破。图 4.29 为 30kW SOFC 热电联供系统实物图。

图 4.29　30kW SOFC 热电联供系统

4.4.4.2　测试过程

在测试过程进行了不同工况测试，包括燃烧器点火测试、氢气工况发电测试、空燃比测试、自热平衡测试以及热电联供效率测试以及长周期稳定性测试，测试完成后进行降载降温。

（1）燃烧器点火测试

将阳极氮气流量调至 $6m^3/h$，阴极空气流量调至 $20m^3/h$（点火工况），在点火程序界面设置点火氢气流量、点火空气流量、预通氢气时间以及程序放电时间，进行程序点火，点火测试实验一共进行了 7 组工况测试，以确定燃烧器点火条件。点火程序中设置氮气吹扫时间为 90s，吹扫流量与点火氢气流量一致。经过调整工况，最终点火氢气流量为 $5m^3/h$，预通氢气时间为 3s，程序放电时间为 15s 时，UV 检火器检测出火焰，重复点火 4 次均点火成功。点火测试实验见表 4.10 和表 4.11。

表 4.10 点火测试实验一（点火工况）

工况	点火氢气 /(m^3/h)	点火空气 /(m^3/h)	预通氢气时间/s	程序放电时间/s	点火是否成功	备注
工况 1	2	25	1	5	否	—
工况 2	2	25	2	5	否	—
工况 3	2	25	5	5	否	—
工况 4	4	25	1	5	否	—
工况 5	4	25	3	5	否	—
工况 6	4	25	3	8		—
工况 7	4	25	3	15	是	燃烧器内部温度升高，UV 检火器检测检出火焰

表 4.11 点火测试实验二（保护气工况）

工况	点火氢气 /(m^3/h)	点火空气 /(m^3/h)	预通氢气时间/s	程序放电时间/s	点火是否成功	备注
工况 1	4	25	3	15	否	瞬间点火 UV 检火器检出火焰，但火焰不稳定，很快被吹灭
工况 2	5	25	3	15	是	—

点火实验测试三在点火工况进行点火，点火成功后切换保护气模式，见表 4.12。

表 4.12 点火测试实验三（工况切换）

模式	点火氢气/(m^3/h)	点火空气/(m^3/h)	氢气/(m^3/h)	氮气/(m^3/h)	空气/(m^3/h)
点火工况	4	25	0	15.2	20
保护气模式	5	25	0	15.2	150

(2) 氢气工况发电测试

在点火工况下启动燃烧器后，逐渐将氮气流量调整为 15.2m^3/h，阴极空气流量增加至 150m^3/h。在通入气体过程中，阴阳极气体交替增加流量，联锁引风机频率保证阳极压力大于阴极压力，且 0.5kPa<压差<2.0kPa。然后通过调整燃烧器点火氢气和点火空气流量来控制系统的升温速率小于 15℃/h。图 4.30 为升温过程中流量与温度对应情况。

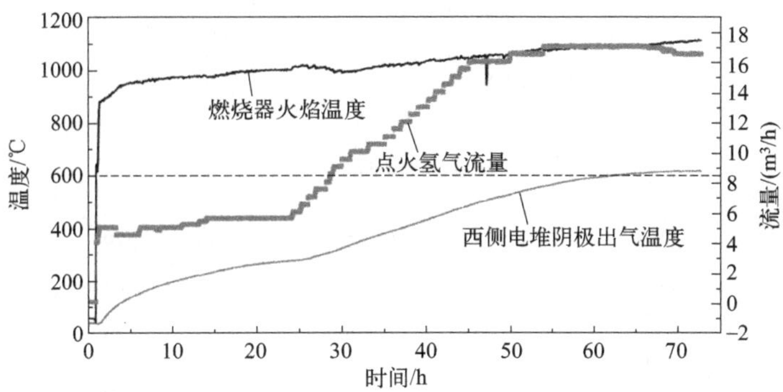

图 4.30 升温过程流量-温度对应情况

升温结束后，切换气体，氢气流量 6.6m^3/h，氮气流量 6m^3/h，点火氢气流量 6m^3/h，点火空气 35m^3/h。待流量稳定后开始进行拉载，最终气量调整为：点火氢气流量 3.5m^3/h，点火空气 20m^3/h，氢气流量 19.8m^3/h，阴极空气 170m^3/h。

以 1A/10min 的速率拉载到 18A，此时阳极氢气流量增加至 19.8m^3/h，然后保持阳极氢气流量不变，继续 1A/10min 的速率拉载到 30A，发电功率 32.4kW，最大发电效率 59.76%，燃料利用率 84.46%，此时供电效率 42.45%。拉载过程中，6 个堆塔电压、功率一致性较好（图 4.31～图 4.33）。拉载完成后，将电流降至 28A，此时发电功率为 30.6kW，进行恒流测试。

(3) 空燃比测试

在电流 28A 下进行了空燃比测试，阳极氢气流量 19.8m^3/h，调整阴极空气流量，空燃比从 8.8 降至 6.5，发电功率下降，发电效率下降，供电效率提升（表 4.13 和图 4.34）。

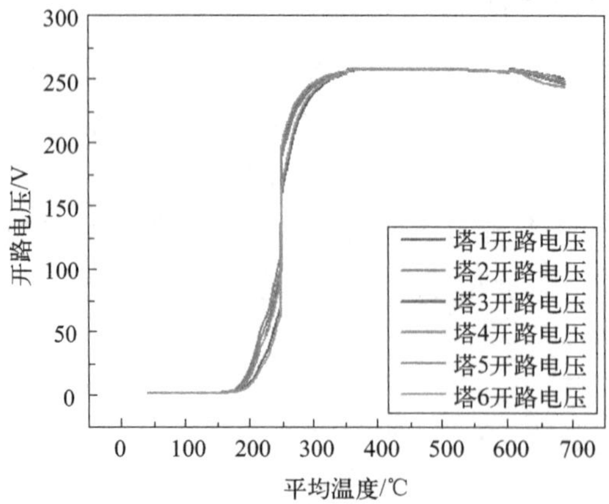

图 4.31　升温过程中温度、电压曲线

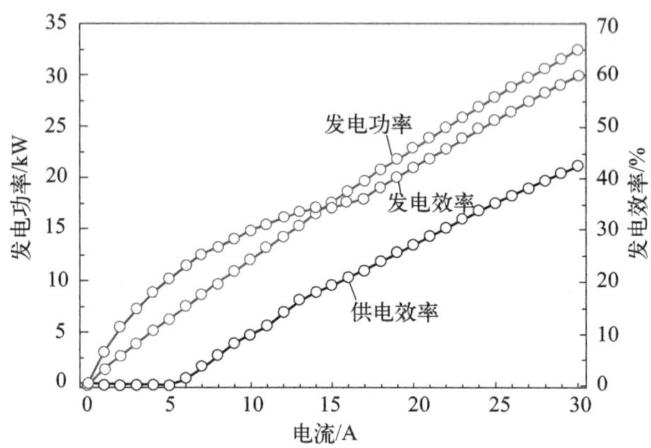

图 4.32　30kW SOFC 发电系统拉载情况

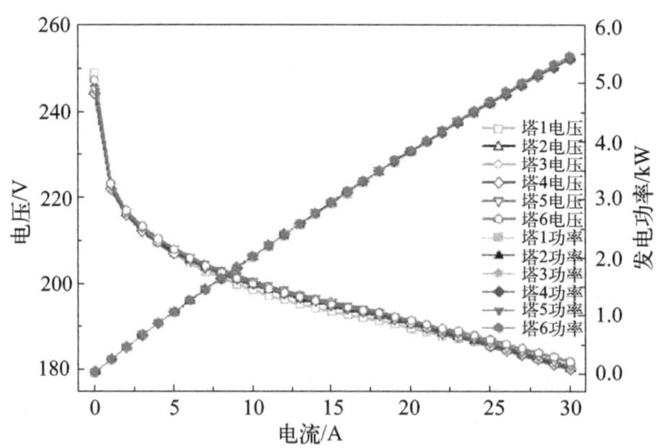

图 4.33　30kW SOFC 发 电系统拉载 6 个堆塔一致性情况

表 4.13　空燃比测试工况及结果

氢气流量/(m^3/h)	空气流量/(m^3/h)	空燃比	发电功率/kW	发电效率/%	燃料利用率/%	供电效率/%
19.8	174.2	8.8	30.66	56.50	79.11	37.90
19.8	170	8.6	30.63	56.46	79.11	38.48
19.8	166.3	8.4	30.65	56.48	79.11	39.09
19.8	162.3	8.2	30.65	56.48	79.11	39.60
19.8	158.4	8.0	30.65	56.48	79.11	40.07
19.8	154.4	7.8	30.65	56.49	79.11	40.49
19.8	150.5	7.6	30.65	56.48	79.11	40.78
19.8	146.5	7.4	30.64	56.48	79.11	41.19
19.8	142.6	7.2	30.65	56.48	79.11	41.62
19.8	138.6	7.0	30.65	56.49	79.11	41.73
19.8	134.6	6.8	30.65	56.48	79.11	42.15
19.8	128.7	6.5	30.64	56.47	79.11	42.63

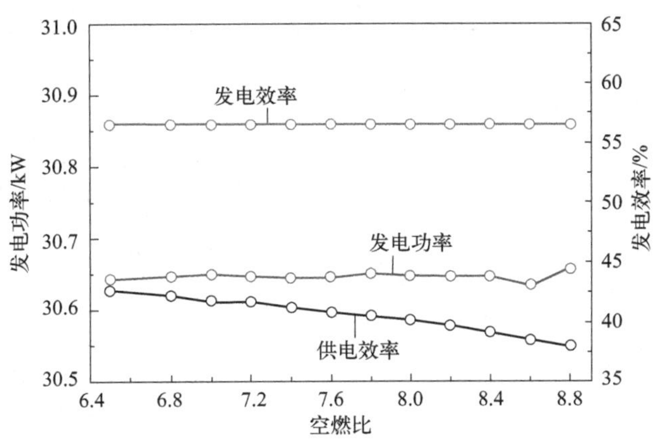

图 4.34　30kW SOFC 发电系统空燃比测试结果

(4) 自热平衡测试

阳极氢气流量 19.8m^3/h，空燃比保持 6.5，调整点火氢气和点火空气流量，直至降为 0。停掉点火氢气和点火空气后，整个系统达到自热平衡状态，此时供电效率达到 52.60%（图 4.35 和表 4.14）。

表 4.14　自热平衡测试工况及结果

氢气流量/(m^3/h)	空燃比	点火氢气流量/(m^3/h)	点火空气流量/(m^3/h)	风机耗电功率/kW	发电功率/kW	发电效率/%	燃料利用率/%	供电效率/%
19.8	6.5	3.80	20	2.73	30.67	56.52	79.11	42.58
19.8	6.5	3.50	20	2.75	30.67	56.53	79.11	43.10
19.8	6.5	3.30	20	2.76	30.67	56.52	79.11	43.45
19.8	6.5	3.00	15	2.58	30.67	56.53	79.11	44.32
19.8	6.5	3.00	0	2.13	30.67	56.52	79.11	45.68
19.8	6.5	2.80	0	2.14	30.66	56.52	79.11	46.07
19.8	6.5	2.50	0	2.12	30.67	56.52	79.11	46.72
19.8	6.5	2.00	0	2.14	30.64	56.47	79.11	47.71
19.8	6.5	1.80	0	2.12	30.67	56.52	79.11	48.22
19.8	6.5	1.50	0	2.15	30.67	56.53	79.11	48.87
19.8	6.5	1.00	0	2.11	30.66	56.51	79.11	50.09
19.8	6.5	0.00	0	2.12	30.66	56.51	79.11	52.60

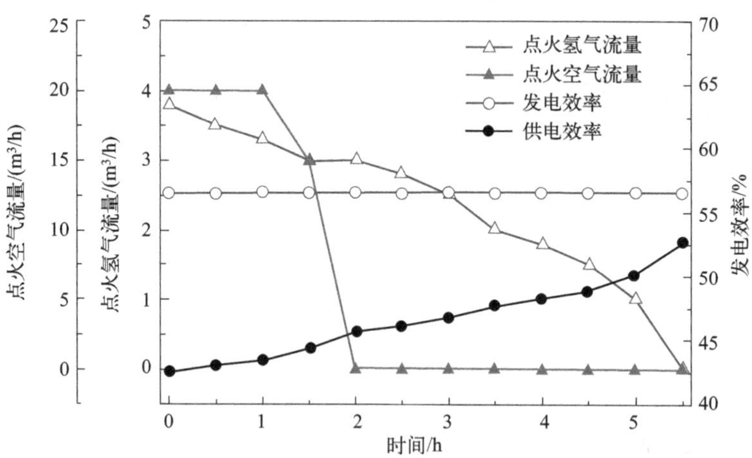

图 4.35　30kW SOFC 发电系统自热平衡测试结果

（5）热电联供效率测试

通过调节冷却水流量 0.2～1.5m^3/h，测试冷却水出口温度，得到系统热电联供效率结果，如表 4.15 所示，当冷却水回水温度高于 80℃时，系统的热电联供效率＞75％。

表 4.15　热电联供效率测试工况及结果

氢气流量/(m^3/h)	空燃比	风机耗电功率/kW	发电功率/kW	发电效率/%	燃料利用率/%	冷却水流量/(m^3/h)	冷却水回水温度/℃	净效率/%	综合效率/%
20.8	6.1	2.16	30.72	53.8	75.30	1.5	39.8	50.1	92.5
20.8	6.1	2.29	30.72	53.8	75.30	1.0	42.7	49.9	85.1
20.8	6.1	2.46	30.72	53.8	75.30	0.5	54.5	49.6	80.8
20.8	6.1	2.43	30.72	53.8	75.30	0.3	74.3	49.6	81.8
20.8	6.1	2.58	30.72	53.8	75.30	0.2	86.1	49.4	76.6

（6）长周期稳定性测试

保持供电效率在 50％左右，30kW 发电装置进行长周期稳定运行（图 4.36 和表 4.16），总计运行 312.8h。稳定运行中共调整 5 个工况，根据供电效率及衰减率来看，工况 2 为最佳运行工况。

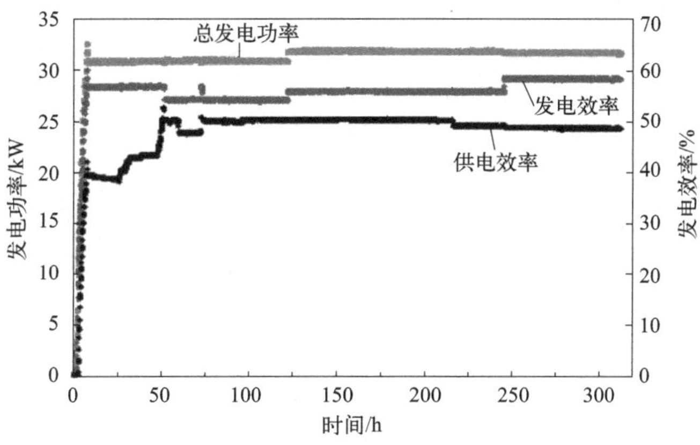

图 4.36　30kW SOFC 热电联供系统运行曲线

表 4.16 稳定运行工况

工况	电流/A	阳极氢气流量/(m^3/h)	阴极空气流量/(m^3/h)	点火氢气流量/(m^3/h)	点火空气流量/(m^3/h)	西侧阴极出口平均温度/℃	保持时间/h	平均供电效率/%	衰减率/(%/1000h)
工况 1	28	20.8	118.6	0.3	0	637.3	48.9	49.76	3.33
工况 2	29	20.8	118.6	1.0	0	649.0	70.0	49.93	1.80
工况 3	29	20.8	120.6	1.0	0	648.2	19.0	49.79	3.30
工况 4	29	20.8	120.6	1.5	0	658.8	28.2	48.69	4.48
工况 5	29	19.8	120.6	2.5	0	661.8	40.8	48.29	4.67

(7) 降载降温

测试完成后开始降载，将电堆进气切换为保护气模式，点火氢气流量增加至 10m^3/h。而后通过降低点火氢气供给量、增加阴极空气进气量等方式逐渐降低系统温度，保证电堆降温速率不超过 30℃/h。降载过程中塔 1～塔 6 电压情况如图 4.37 所示，降温过程中流量-温度对应曲线如图 4.38 所示。

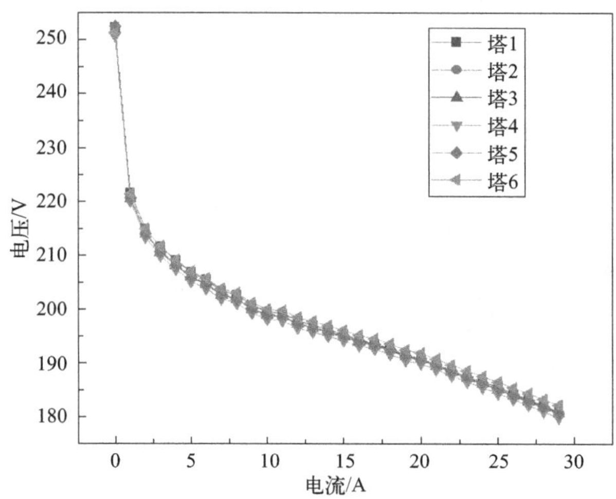

图 4.37 降载过程中塔 1～塔 6 电压情况

(8) 压降分析

对系统运行中的典型工况进行压降分析，升温过程中阴极高温换热器的压降较大，尤其是升温末端时，阴极换热器热侧压降达到 4.1kPa。稳定运行过程中，当降低空燃比时，系统压降降低，风机抽力也相应降低，系统电耗降

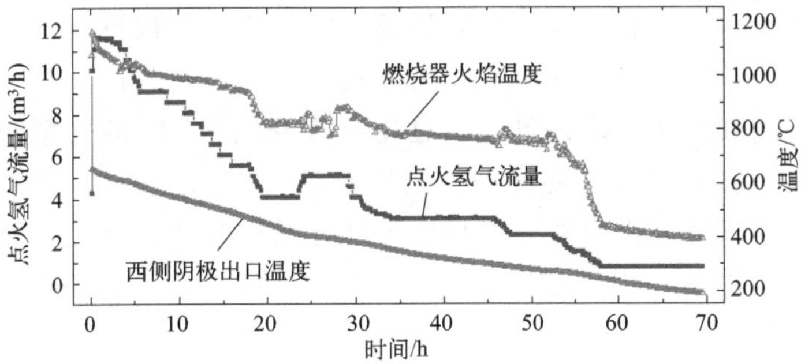

图 4.38　降温过程中流量-温度对应曲线

低。从系统压降组成来看，阴极高温换热器和尾端水冷器的压降对整个系统压降影响较大，降低阴极高温换热器和尾端水冷器的压降是降低系统电耗的主要途径之一。

4.5　单机 50kW 级 SOFC 发电系统

在 30kW 级自热平衡多堆模块基础上，进一步优化工艺设计、堆塔集成设计、热箱集成设计以及系统集成设计，开发单机 50kW 级 SOFC 发电系统。

4.5.1　系统设计

50kW 级 SOFC 发电系统分为测控平台和高温模块两部分。测控平台主要包括气体供给单元、尾气处理单元、电力控制柜以及发电测试装备。高温模块主要包括电堆模块、热管理单元以及热箱。气体供给单元可供应氮气、氢气、空气、冷凝水等。原料氢气来自管网，空气由风机送气。气体供给单元中气体质量流量控制器分别精准控制和计量各气体流量。尾气处理单元将高温尾气进行冷凝降温。电力控制柜采用正压防爆设计，内置开关、测量仪表、保护电器和辅助设备等。使用直流电子负载作为发电测试装备。

高温模块以放置集成的电堆模块为核心，每个电堆之间采用串并联连接，气路为并联，设计额定发电量 50kW，电堆模块设有温度监测点。电堆模块由电堆、布气板及相关配管构成。热管理单元以燃烧器和换热器为核心，用于调整高温模块的温度及充分利用阴阳极尾气的能量。升温阶段由燃烧器为电堆模块提供热量，通过逐渐改变燃料 H_2 的气量和助燃空气的气量提高燃烧器尾气的温度，使电堆温度升高到工作温度；运行阶段，阳极未反应的气体在燃烧器高温环境下进行燃烧放热，补充热箱的热损失和气体带走的热量，使系统达到自热平衡。热箱的作用是隔绝热量，减少高温模块的热量散失。

50kW 级 SOFC 发电系统工艺流程图如图 4.39 所示，阳极原料气氢气经减压后，进入阳极高温换热器，与阳极尾气进行换热，之后进入电堆模块反应，尾气与阳极进气换热后去燃烧器燃烧，阳极高温换热器和燃烧器布置在热箱内部。空气作为阴极原料气，与燃烧器尾气在阴极高温换热器中进行换热，换热后温度升高后进入电堆模块阴极，阴极尾气进入燃烧器给未反应的氢气提供氧化剂，阴极高温换热器布置在热箱内。阳极气体和阴极气体在电堆模块的阳极和阴极发生电化学反应，并产生电流。燃烧器出口气体给阴极空气加热，换热后的燃烧器尾气经换热后产生热水，尾气被冷却后进行气液分离，分离后的气体经管网排空。

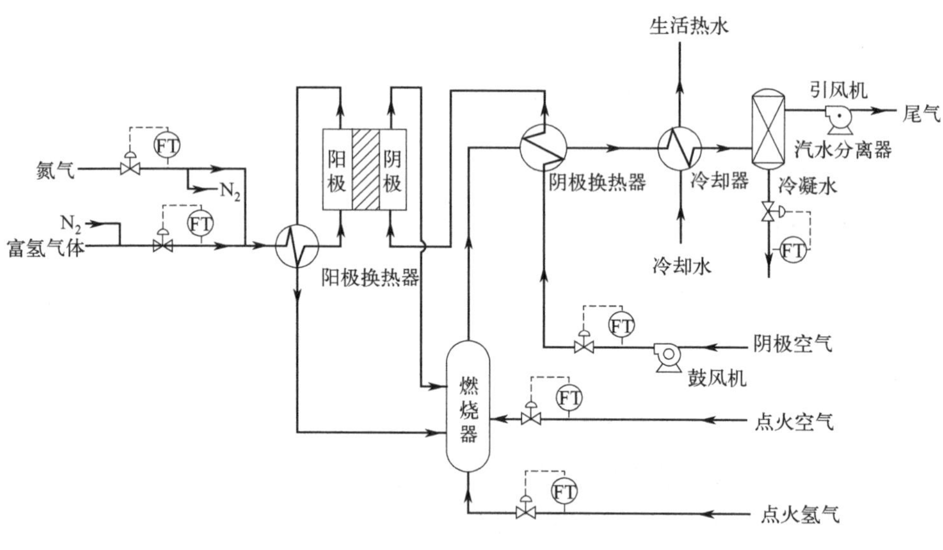

图 4.39 50kW 级 SOFC 发电系统流程图

根据 30kW 级 SOFC 热电联供系统运行结果和参数，利用 Aspen 软件对 50kW 级 SOFC 系统发电过程进行模拟计算。根据模拟结果，得到 50kW 级 SOFC 发电系统性能指标，见表 4.17。

表 4.17　主要性能指标

指标	单位	氢气工况	
		最大工况	额定工况
模拟输出功率	kW	31.95	50
单堆数量	个	40	40
空气流量	m^3/h	224.5	224.5
电流	A	30	28
模拟电池片电压	V	0.87	0.899
模拟电效率	%	51	50
系统耗电	kW	4.4	3.84
模拟系统效率	%	58.2	51.4
燃料利用率	%	85	79.3
散热估算	kW	6.3	6.8
产生热水	kg/h	500	450
综合效率	%	94.3	87.2

4.5.2 关键设备

发电模块是整个燃料电池标准模块的基础，发电模块主要由保温箱、空气/燃料配气系统、换热器、启动燃烧器以及燃料电池堆塔等部分组成，是更大发电系统集成技术的基本单元。50kW 发电模块自主设计零部件 100 余件，定制加工约 50 种，包括布气板、燃烧器等。

（1）燃烧器

根据 30kW 发电模块燃烧器运行结果，加工制造了 50kW 发电模块用燃烧器，按照使用需求，对燃烧器进行了出厂点火、升温测试。燃烧器点火及升温测试情况见表 4.18。

表 4.18 燃烧器点火及升温测试数据

<table>
<tr><th>氢气燃烧器</th><th>点火氢气
(DN32)</th><th>点火空气
(DN50)</th><th>阳极尾气
(DN40)</th><th>阴极尾气 1
(DN100)</th><th>阴极尾气 2
(DN100)</th></tr>
<tr><td colspan="6">启动(第一次点火)</td></tr>
<tr><td>体积流量/(m^3/h)</td><td>4</td><td>25</td><td>25</td><td>210</td><td>210</td></tr>
<tr><td>启动前减压阀后压力/kPa</td><td>1</td><td>1</td><td>1</td><td>1</td><td>1</td></tr>
<tr><td>启动后减压阀后压力/kPa</td><td>1</td><td>1</td><td>1</td><td>1</td><td>1</td></tr>
<tr><td>阀门开度</td><td>100%</td><td>100%</td><td>100%</td><td>100%</td><td>100%</td></tr>
<tr><td colspan="2">点火成功率:☑合格☐不合格</td><td>出口温度/℃</td><td>634</td><td>测试结果:</td><td>合格</td></tr>
<tr><td>火焰检测</td><td>UV:☑合格☐不合格</td><td colspan="2">离子:☑合格☐不合格</td><td colspan="2">热电偶:☑合格☐不合格</td></tr>
<tr><td colspan="6">启动(第二次点火)</td></tr>
<tr><td>体积流量/(m^3/h)</td><td>2</td><td>19.28</td><td>24.96</td><td>155</td><td>153</td></tr>
<tr><td>启动前减压阀后压力/kPa</td><td>1</td><td>1</td><td>1</td><td>1</td><td>1</td></tr>
<tr><td>启动后减压阀后压力/kPa</td><td>1</td><td>1</td><td>1</td><td>1</td><td>1</td></tr>
<tr><td>阀门开度</td><td>100%</td><td>100%</td><td>100%</td><td>100%</td><td>100%</td></tr>
<tr><td colspan="2">点火成功率:☑合格☐不合格</td><td>出口温度/℃</td><td>842</td><td>测试结果:</td><td>合格</td></tr>
<tr><td>火焰检测</td><td>UV:☑合格☐不合格</td><td colspan="2">离子:☑合格☐不合格</td><td colspan="2">热电偶:☑合格☐不合格</td></tr>
<tr><td colspan="6">启动(第三次点火)</td></tr>
<tr><td>体积流量/(m^3/h)</td><td>1</td><td>29</td><td>27</td><td>245</td><td>245</td></tr>
<tr><td>启动前减压阀后压力/kPa</td><td>1</td><td>1</td><td>1</td><td>1</td><td>1</td></tr>
<tr><td>启动后减压阀后压力/kPa</td><td>1</td><td>1</td><td>1</td><td>1</td><td>1</td></tr>
<tr><td>阀门开度</td><td>100%</td><td>100%</td><td>100%</td><td>100%</td><td>100%</td></tr>
<tr><td colspan="2">点火成功率:☑合格☐不合格</td><td>出口温度/℃</td><td>940</td><td>测试结果:</td><td>合格</td></tr>
<tr><td>火焰检测</td><td>UV:☑合格☐不合格</td><td colspan="2">离子:☑合格☐不合格</td><td colspan="2">热电偶:☑合格☐不合格</td></tr>
<tr><td colspan="6">连续运行(正常工况)</td></tr>
<tr><td>体积流量/(m^3/h)</td><td>4</td><td>29</td><td>29</td><td>155</td><td>153</td></tr>
<tr><td>启动前减压阀后压力/kPa</td><td>1</td><td>1</td><td>1</td><td>1</td><td>1</td></tr>
<tr><td>启动后减压阀后压力/kPa</td><td>1</td><td>1</td><td>1</td><td>1</td><td>1</td></tr>
<tr><td colspan="2">点火成功率:☑合格☐不合格</td><td>出口温度/℃</td><td>720</td><td>测试结果:</td><td>合格</td></tr>
<tr><td>火焰检测</td><td>UV:☑合格☐不合格</td><td colspan="2">离子:☑合格☐不合格</td><td colspan="2">热电偶:☑合格☐不合格</td></tr>
</table>

续表

	设备名称	型号	数量
设备清单	焚烧炉壳体	JY-F01-H50C	1 套
	燃烧器	JY-H50C	1 台
	半导体点火和检测两用型点火棒	JY-M14×480	2 支(一用一备)
	燃烧器控制器	BCU258	1 台
	点火装置	JY-RF820/4	1 台

(2) 高温换热器

基于 30kW 级 SOFC 发电系统测试结果及压降分析结果，阴极高温换热器运行过程中压降较大，根据设计要求，50kW 发电模块定制了新型阴极高温换热器，如图 4.40 所示。阴极高温换热器加工制造完成后，对其进行了换热效果及压降测试，测试结果如表 4.19 所示。新型阴极高温换热器在不同气体流量和温度下的换热效果均满足系统设计要求。冷侧压降小于 1.5kPa，满足系统设计要求，而热侧压降超出系统设计值范围，可能影响系统能耗，进而影响系统供电效率。

图 4.40　50kW 级 SOFC 发电系统阴极高温换热器

表 4.19　50kW 级 SOFC 发电系统阴极高温换热测试结果

50kW 级 SOFC 发电系统阴极高温换热器测试数据(单台 1)							
冷侧流量 /(m^3/h)	热侧流量 /(m^3/h)	冷侧压差 /kPa	热侧压差 /kPa	冷侧入口温度/℃	冷侧出口温度/℃	热侧入口温度/℃	热侧出口温度/℃
96.0	106.2	0.494	2.30	31.7	258.5	291.5	38.6
96.0	105.0	0.702	2.94	33.5	409.0	479.2	67.1
96.3	106.1	0.905	4.37	34.3	540.5	551.0	106.0
91.0	136.6	1.250	8.77	36.4	677.4	746.6	193.3

续表

50kW 级 SOFC 发电系统阴极高温换热器测试数据(单台 2)							
冷侧流量 /(m^3/h)	热侧流量 /(m^3/h)	冷侧压差 /kPa	热侧压差 /kPa	冷侧入口温度/℃	冷侧出口温度/℃	热侧入口温度/℃	热侧出口温度/℃
94.0	105.0	0.54	2.54	29.1	246.3	373.5	27.5
94.0	106.0	0.74	3.77	29.8	368.3	562.7	29.6
94.0	105.2	0.79	4.30	29.9	425.8	640.9	31.0
94.0	134.3	1.00	7.01	31.0	491.1	724.0	33.8

(3) 热箱

根据系统设计要求，热箱散热损失小于系统输入热量的 10%，对 50kW 级 SOFC 发电系统高温热箱进行了优化设计。热箱采用拼接式结构，由六面保温墙拼接成热箱整体，并且在每面墙结合处设计有承插式结构，用于增大密封长度，减小热量散失。热箱的侧墙之间采用扣搭锁件，将相邻侧墙接合成一个整体。为了与外界进行必要的能量与物质交换，在热箱壁面设计有一系列开孔，用于将阴/阳极进/出气管、测压管、热电偶以及燃料电池阴阳极取电杆引出。50kW 级 SOFC 发电系统热箱外观图如图 4.41 所示。

图 4.41 50kW 级 SOFC 发电系统热箱外观图

4.5.3 系统组装

在安装电堆之前，对模块进行气密检测，主要针对内部管路焊接的焊缝处。通入小流量氮气和少量空气，通过气泡水测试管路焊接处的气密情况，确定模块无泄漏。

采用先内后外原则安装电堆，电堆安装完成后对电堆和布气板间进行绝缘性测试，绝缘电阻表测试电压 250V，各堆与布气板间的绝缘电阻均>55MΩ，电堆上下取电支耳间电阻均>55MΩ，电堆本身绝缘性合格，见表 4.20。电堆安装后连接剩余管路，经气密检测合格后依次装配东、西、南侧以及热箱顶盖，最后安装框架门板。

表 4.20　绝缘性测试

电堆	电堆与布气板间电阻/MΩ	电堆上下取电支耳间电阻/MΩ
1	55	55
2	55	55
3	55	55
4	55	55
5	55	55
6	55	55
7	55	55
8	55	55
9	55	55
10	55	55
11	55	55
12	55	55
13	55	55
14	55	55
15	55	55
16	55	55
17	55	55
18	55	55
19	55	55
20	55	55
21	55	55
22	55	55
23	55	55
24	55	55
25	55	55
26	55	55
27	55	55
28	55	55

续表

电堆	电堆与布气板间电阻/MΩ	电堆上下取电支耳间电阻/MΩ
29	55	55
30	55	55
31	55	55
32	55	55
33	55	55
34	55	55
35	55	55
36	55	55
37	55	55
38	55	55
39	55	55
40	55	55

注：绝缘电阻测试电压250V，55MΩ是超量程状态，实阻值大于55MΩ。

4.5.4 调试运行

（1）总体情况

2024年9月～11月在IGFC宁煤试验基地现场对50kW级SOFC发电系统（图4.42）进行了装配及运行测试。50kW级SOFC发电系统总计开车运行时间750h，经历了燃烧器启动升温、直流拉载、热循环测试、稳定运行以及降载降温等阶段。50kW系统最大拉载电流31A，最大发电功率55.8kW，直流发电效率59.8%。此次运行进一步验证了SOFC系统纯氢燃料燃烧启动升温的可靠与高效，验证了50kW级SOFC自热平衡系统的高效高稳定性。

图4.42 50kW级SOFC发电系统

（2）基础电化学性能测试

在 50kW 发电系统点火程序中设置氮气吹扫时间为 90s，吹扫流量 $4m^3/h$，设置点火氢气为 $4m^3/h$，预通氢气时间为 5s，程序放电时间为 7s，点燃燃烧器，系统开始升温。升温过程中，逐渐将氮气流量调整为 $25m^3/h$，并根据引风机频率增加阴极空气流量（表 4.21）。在调整气体过程中，阴阳极气体交替增加流量，联锁引风机频率保证阳极压力大于阴极压力，且 0.5kPa＜压差＜2.0kPa。然后通过调整燃烧器点火氢气和点火空气流量来控制系统的升温速率小于 15℃/h。升至测试温度后，以 1A/10min 的速率将单塔电流拉载到 31A，发电功率 55.8kW，最大发电效率 59.6%，燃料利用率 84.5%。拉载过程中，10 个堆塔电压、功率一致性较好。拉载完成后，将电流降至 28A，此时发电功率 50.9kW，稳定运行 3h 后将电流降至 22A，发电功率 40.0kW。运行 15h 后，将电流调回 25A，发电功率 45.2kW，稳定运行 30h 后进行降载降温（图 4.43～图 4.46）。

表 4.21　点火工况

氮气吹扫时间/s	吹扫流量/(m^3/h)	点火氢气/(m^3/h)	点火空气/(m^3/h)	预通氢气时间/s	程序放电时间/s	阳极氮气/(m^3/h)	阴极空气/(m^3/h)
90	4	4	25	5	7	25	80

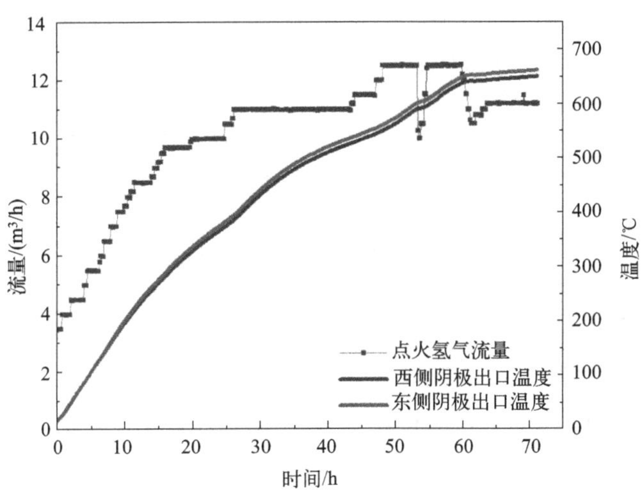

图 4.43　升温过程点火氢气流量-温度对应情况

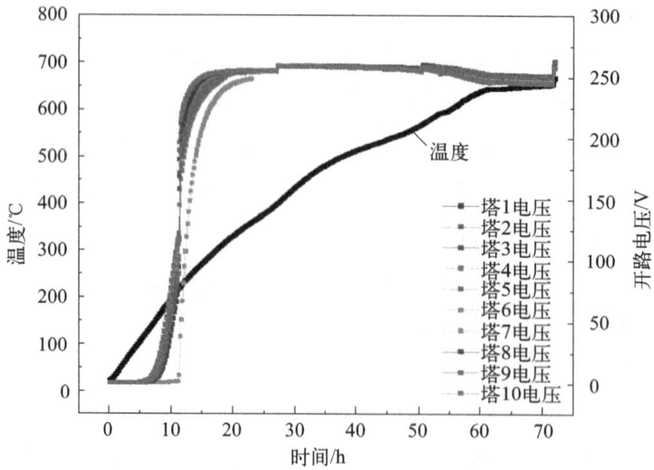

图 4.44 升温过程中温度、电压曲线

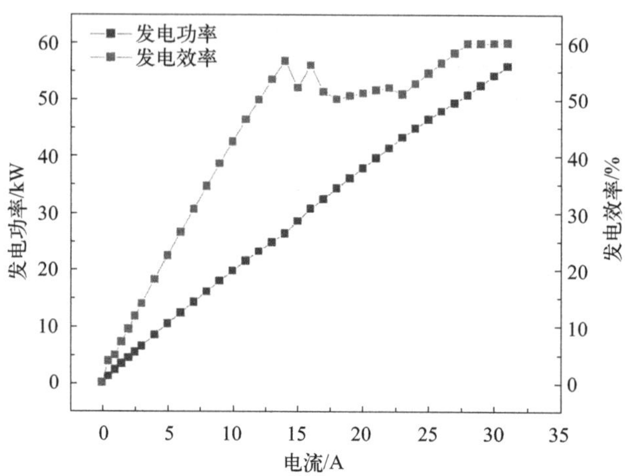

图 4.45 50kWSOFC 发电系统拉载情况

(3) 热循环测试

50kW 级发电系统降载降温后，再次点火升温，进行第二次直流拉载测试(图 4.47)。拉载电流 25A，发电功率 45.4kW，发电效率 59.2%，燃料利用率 83.2%。热循环后，电堆性能无衰减(图 4.48)。

(4) 长周期稳定性测试

在保持稳定发电功率大于 45kW 的电流下，50kW 级 SOFC 发电系统进行长周期稳定运行，总计稳定运行超过 550h。稳定运行中，发电功率 45.4kW，

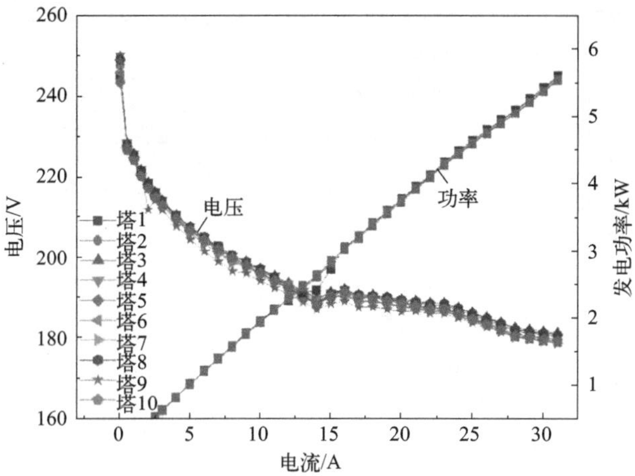

图 4.46　50kW 级发电系统拉载 10 个堆塔一致性情况

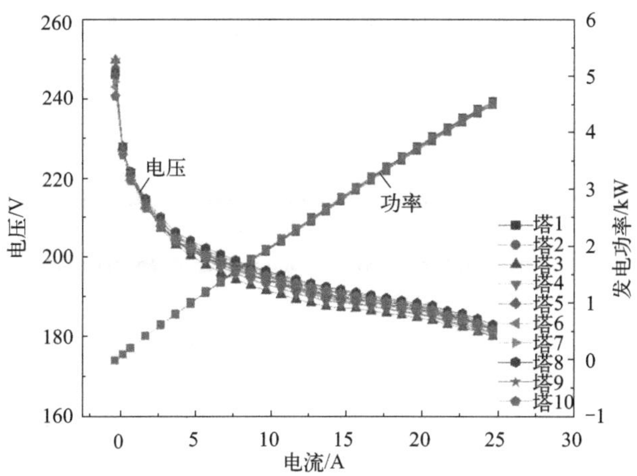

图 4.47　50kW 级发电系统第二次直流拉载

发电效率 59.2%，发电系统性能无衰减(图 4.49)。

(5) 降载降温

测试完成后开始降载，降载完成后将电堆进气切换为保护气模式，点火氢气增加至 11m^3/h。而后通过降低点火氢气供给量、增加阴极空气进气量等方式逐渐降低系统温度，保证电堆降温速率不超过 30℃/h。降载过程中塔 1～塔 10 电压情况如图 4.50 所示，降温过程中流量-温度对应曲线如图 4.51 所示。

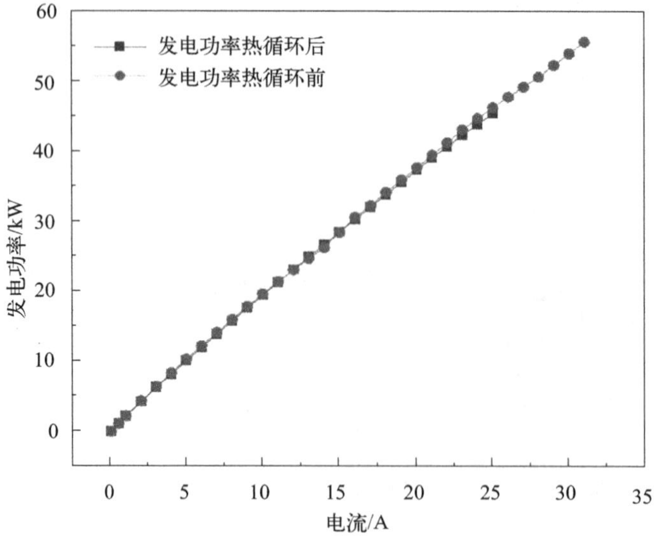

图 4.48 热循环前后拉载发电功率对比

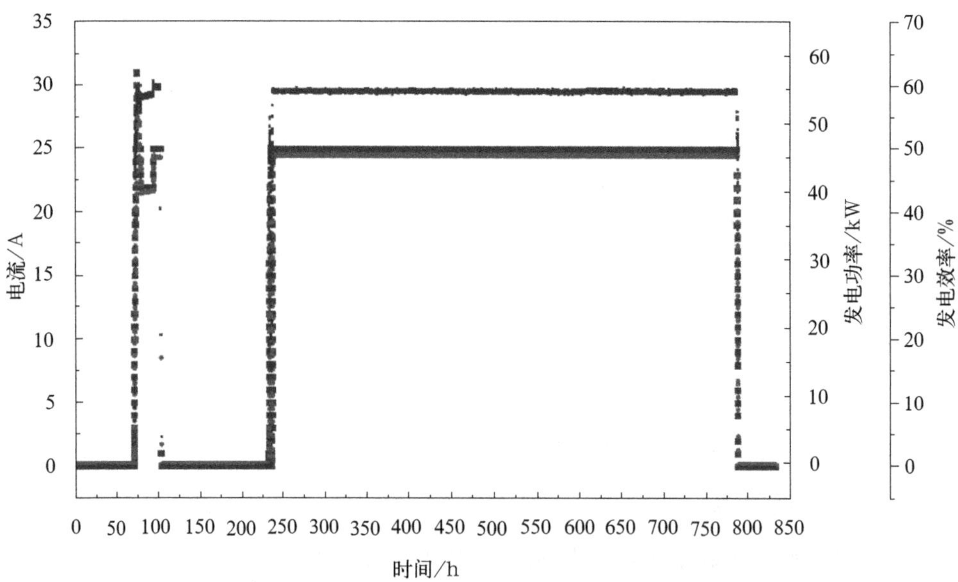

图 4.49 50kW 级 SOFC 发电系统运行曲线

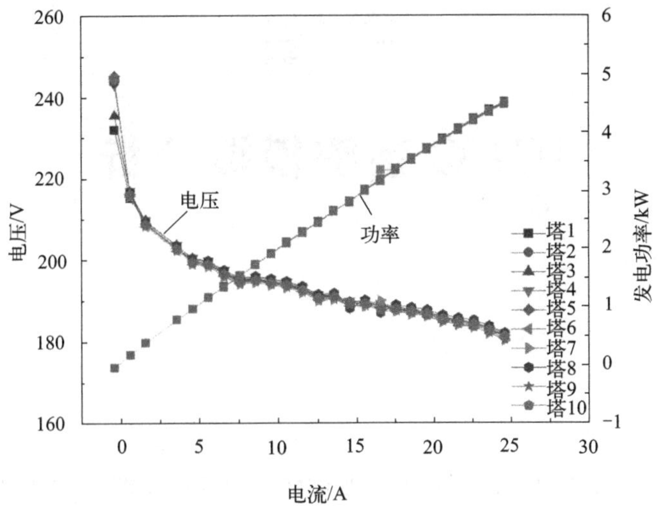

图 4.50　降载过程中塔 1～塔 10 电压情况

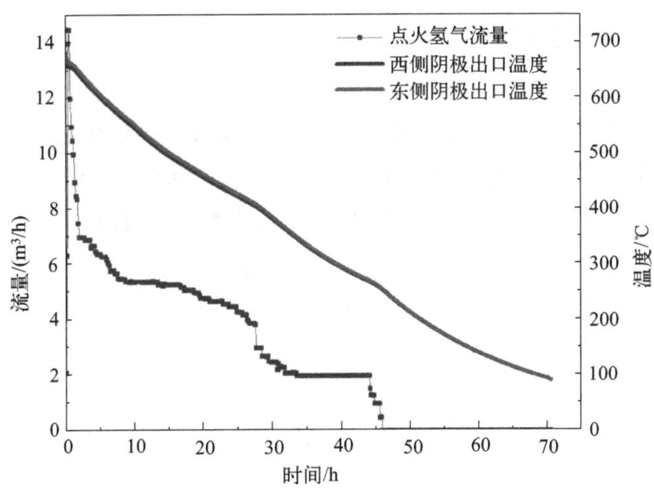

图 4.51　降温过程中流量-温度对应曲线

第5章

IGFC系统模拟分析

在IGFC系统集成示范基础上，通过构建IGFC系统数学模型，开展IGFC系统模拟分析和方案研究，为IGFC系统下一步应用和研究方向提供指导。

5.1 IGFC系统流程

通过对DOE[107]报告的详细分析，参考报告内模型建立了500MW级IGFC系统流程。图5.1为DOE报告中IGFC发电系统流程简图，气化炉出口的合成气(7)经过热量回收(8)、净化进入固体燃料电池发电单元，净化合成

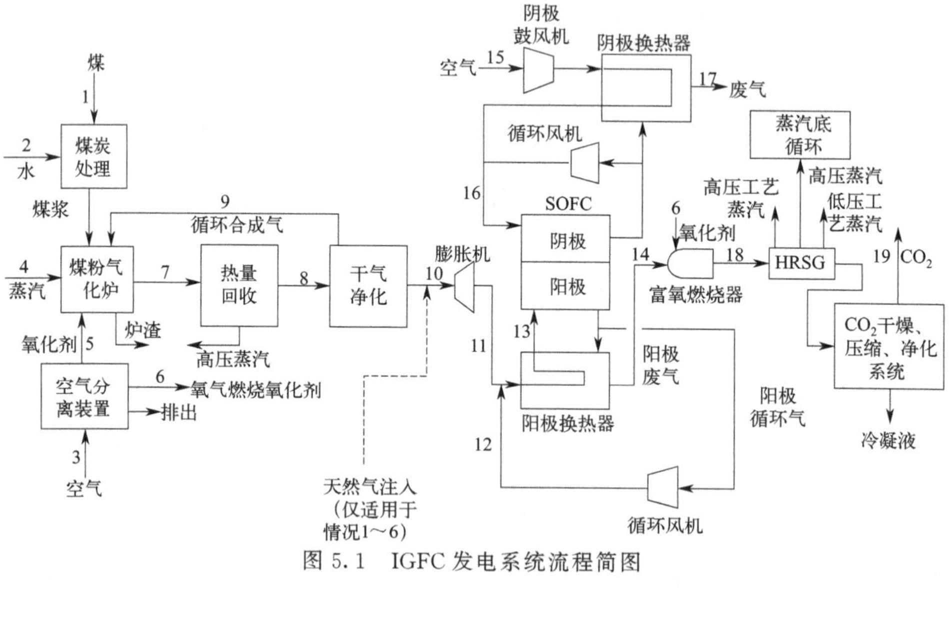

图5.1 IGFC发电系统流程简图

气(10) 经过膨胀机做功减压(11)，并与 SOFC 阳极出口气体换热后(13) 进入 SOFC 阳极；空气(15) 经过鼓风机加压、阴极出口气体换热后进入 SOFC 阴极，阳极合成气中的 H_2、CO、CH_4 在燃料电池内部和空气中的氧原子发生电化学反应从而进行发电。

燃料电池阳极出口气体进行循环从而提高燃料电池的气体利用率，阳极出口气体(14) 中还含有部分未反应的可燃气体(H_2、CO、CH_4) 直接通入富氧燃烧罐燃烧(18) 并回收其热量，降温后的尾气进入 CO_2 压缩和提纯装置处理，最终得到纯净的 CO_2 气体进行封存回收。IGFC 装置可以实现化学能到电能的转化，结合 CO_2 的捕捉和封存技术可以实现 CO_2 近零排放。

5.2 煤气化净化单元模拟

DOE 报告给出的煤的特性数据如表 5.1 所示。

表 5.1 煤的特性数据

等级	沥青煤	
煤层	赫林伊利诺伊州 6 号	
来源	老本矿	
近似分析(质量分数)		
水分	11.12	0.00
灰分	9.70	10.91
挥发物	34.99	39.37
固定碳	44.19	49.72
总计	100.00	100.00
S	2.51	2.82
高位热值/(kJ/kg)	27113	30506
高位热值/(Btu/lb)	11666	13126
低位热值/(kJ/kg)	26151	29544
低位热值/(Btu/lb)	11252	12712
元素分析(质量分数)		
元素	收到样品	干燥后
水分	11.12	0.00
C	63.75	71.72
H	4.50	5.06
N	1.25	1.41
Cl	0.29	0.33
S	2.51	2.82
灰分	9.70	10.91
O	6.88	7.75
Total(总计)	100.00	100.00

水煤浆气化，气化炉采用 ConocoPhillips E-gasTM Gasifier，参数见表5.2。此气化炉可以产生较高浓度的 CH_4，因此较适用于 IGFC 装置。气化炉出口温度近 1000℃，气化炉压力 3.1MPa，出口气体经过过滤器除去煤渣(灰分)，而后进行热量回收、激冷除渣、脱汞、脱硫，精脱硫部分合成气激冷，激冷后的合成气预热后进入 COS 加氢反应器，99.5%的 COS 转化为 H_2S，而后进入脱硫罐经过粗脱硫和精脱硫(ZnO)后，净化合成气硫含量基本为 0，净化合成气进入下游 SOFC 发电单元。

表 5.2　气化炉参数表

技术	两阶段煤水浆的能效比
并联数量	2
干燥煤水分含量(质量)/%	11.0(收到样品)
供煤形式	煤水浆泵
氧气与煤料比例	0.68
浆料中煤含量(质量)/%	71
蒸汽与煤比例	0.33
蒸汽温度/℃(°F)	288(550)(饱和)
循环气体与煤比例	0.31
循环气体压缩机效率/%(绝热)	85
出口温度/℃(°F)	999(1830)
出口压力/MPa(psi)	3.10(450)
灰分中的碳损失占煤中碳的百分比/%	0.8
原始合成气成分分析	平衡方法
合成气甲烷含量(体积)/%(干基)	5.9

根据煤的特性数据选用 RK-SOAVE 物性方法，基于 Aspen Plus 软件建立的煤气化模型流程图如图 5.2 所示。模拟结果与 DOE 报告数据对比如表5.3 所示。根据模拟结果计算气化炉冷煤气效率如下：

气化炉冷煤气效率＝煤气的低位热值/煤的低位热值

煤气的低位热值计算：利用 Aspen Plus 软件计算气化炉出口合成气物料的低位热值(扣除 H_2O、CO_2) LHV＝19281kJ/kg(以 0℃为基准)；质量流率＝230118kg/h。

煤的低位热值：根据 DOE 报告的湿基 LHV＝26151kJ/kg；煤的进料质量流率＝184567kg/h。

按照此方法计算的 GSP 气化炉冷煤气效率为 84.4%。

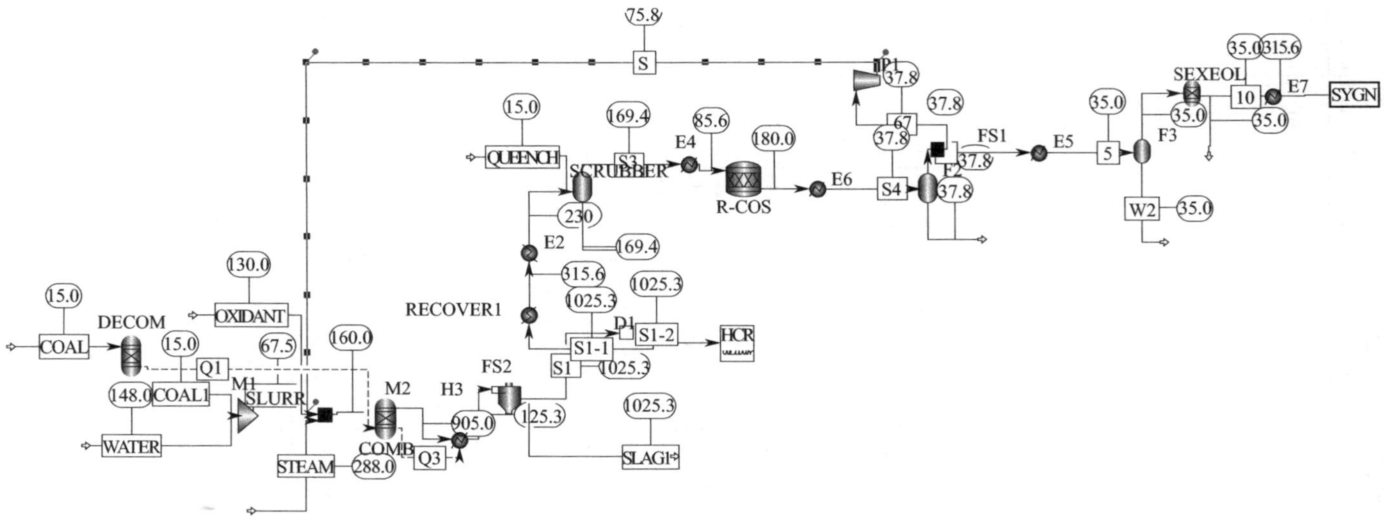

模块名称	Aspen模块	用途	模块名称	Aspen模块	用途
DECOM	RYIELD	煤组分分离	RECOVER1	HEAT	合成气热量回收
Comb	RGIBBS	煤气化炉	SCRUBBER	FLASH	合成气激冷
FS2	FSLIT	煤渣分离	RCOS	RSTOIC	COS加氢反应器
F2、F3	FLASH	气液分离器	SEXEOL	SEP	ZnO脱硫床

图 5.2　煤气化 Aspen 模型流程图

表 5.3 煤气化单元主要物流模拟结果与 DOE 报告数据对比表

项目		气化炉出口			合成气热回收		合成气循环		净化合成气		
		DOE 报告	模拟结果	误差/%	DOE 报告	模拟结果	DOE 报告	模拟结果	DOE 报告	模拟结果	误差/%
物流编号		7	7-1	—	8	8	9	9	10	10	—
温度/℃		999	1025	2.6	232	232	78	77.9	316	316	0
压力/MPa		3.1	3.1	0	2.96	2.96	4.14	4.14	2.32	2.32	0
质量流量/(kg/h)		486792	487733	0.2	486792	487733	58249	58249	325385	325806	0.13%
物质的量流量/(kmol/h)		23506	23677	0.7	23506	23677	2706	2726	15182	15343	1.06%
摩尔分数/%	Ar	0.0006	0.0006	0	0.0006	0.0006	0.0008	0.0008	0.0008	0.0008	0.00%
	CH_4	0.0443	0.0445	0.5	0.0443	0.0445	0.0577	0.0578	0.0583	0.058	0.51%
	CO	0.2867	0.293	2.2	0.2867	0.293	0.3736	0.380	0.3774	0.384	1.75%
	CO_2	0.1549	0.1485	4.1	0.1549	0.1485	0.2023	0.193	0.2044	0.195	4.60%
	COS	0.0003	0.0003	0	0.0003	0.0003	0	2ppm	0	0	0.00%
	H_2	0.2675	0.269	0.15	0.2675	0.269	0.3486	0.349	0.3519	0.353	0.31%
	H_2O	0.2315	0.2315	0	0.2315	0.2315	0.0023	0.0027	0.0013	0.002	53.85%
	HCl	0.0008	0.0008	0	0.0008	0.0008	0.001	0.001	0	0	0.00%
	H_2S	0.0069	0.007	1	0.0069	0.007	0.0094	0.009	0	0	0.00%
	N_2	0.002	0.004	—	0.002	0.004	0.0027	0.006	0.006	0.006	0.00%

5.3 燃料电池发电单元模拟

图 5.3 和表 5.4 是 DOE 报告给出的常压下 SOFC 发电模块流程图和燃料

电池参数。

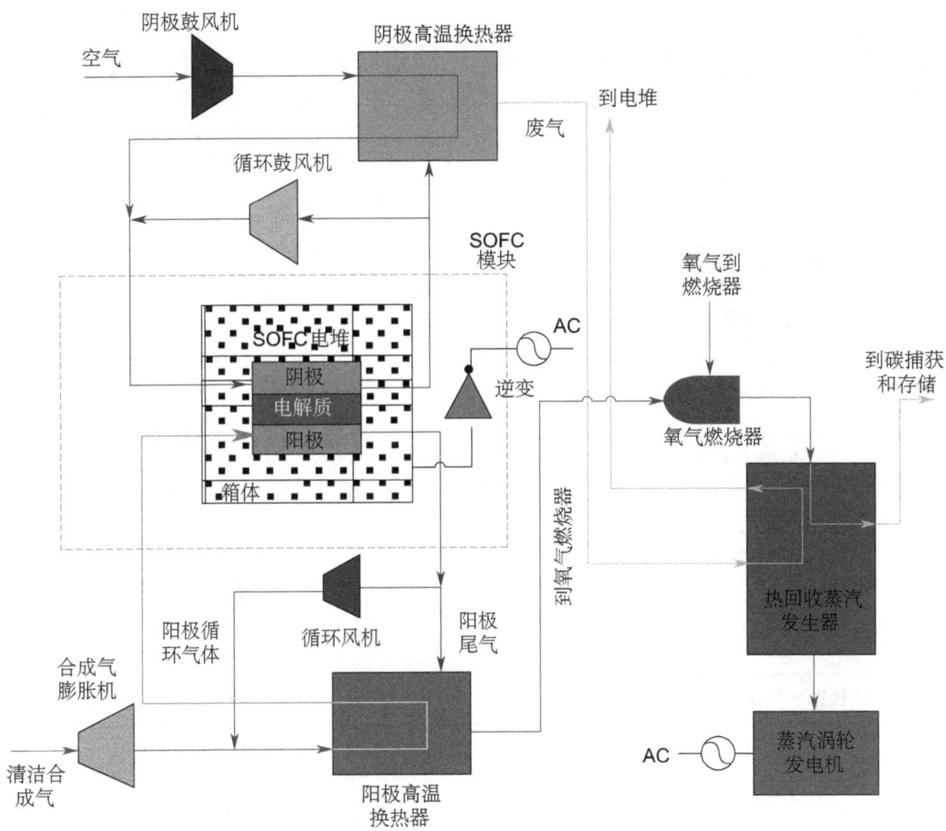

图 5.3　常压 SOFC 发电模块流程图

表 5.4　燃料电池参数

合成气膨胀机	
出口压力/MPa(psi)	0.21(30)
效率/%	90
电机效率/%	98.5
燃料电池系统	
电堆入口温度/℃(°F)	650(1202)
电堆出口温度/℃(°F)	750(1382)
电堆出口压力/MPa(psi)	0.12(15.6)

续表

燃料电池系统	
燃料单程利用率/%	75
总燃料利用率/%	90
电堆阳极侧压降/MPa(psi)	0.0014(0.2)
电堆阴极侧压降/MPa(psi)	0.0014(0.2)
电流密度/(mA/cm^2)	400
电堆过电位/mV	140
工作电压评价方法	见 2.7.1
电堆衰减率/%	1.5
燃料电池辅件	
阳极气体循环方法	热风扇
阳极循环气体风扇效率/%	80
阳极换热器压降/MPa(psi)	0.0014(0.2)
阴极气体循环方法	热风扇
阴极循环气体比例/%	50
阴极循环气体风扇效率(绝热)/%	80
阴极换热器压降/MPa(psi)	0.0014(0.2)
阴极风机效率(绝热)/%	90
整流器直流-交流转换效率/%	97.0
循环风机电机驱动效率/%	87.6
其他电机驱动效率/%	95
变压器效率/%	99.65

选用 RK-SOAVE 物性方法，通过 Aspen Plus 软件的 SOFC 单元流程和 CO_2 压缩净化单元流程进行模拟，如图 5.4 所示。模拟结果如表 5.5 所示。

根据 DOE 报告阴极进出口气体进行物料衡算，发现气体全程利用率仅为 87.8%，不及燃料电池规格表中的 90%，因此为了和报告数据匹配，在模型中气体的 CO 单程转化率降低为 67.1%，H_2 单程转化率降低为 70.64%，阳极气体循环率 66.48%，最后得到 H_2 全程转化率 87.78%，CO 全程转化率为 85.88%。

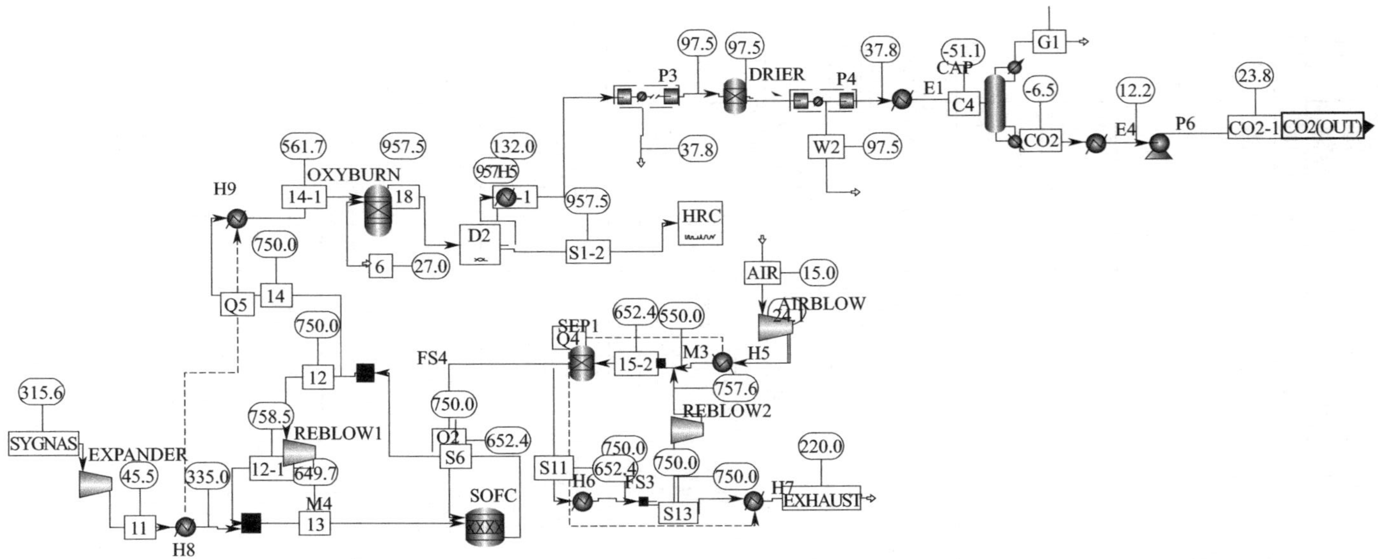

模块名称	Aspen模块	用途	模块名称	Aspen模块	用途
EXPANDER	TURBINE	膨胀做功	OXYBURN	RGIBBS	富氧燃烧罐
REBLOW1、2	COMP	阳极、阴极循环气体加压输送	P3、P4	Mcompr	CO_2二级压缩机
SOFC	RSTOIC	固体燃料电池模型	CAP	RADFRAC	CO_2提纯精馏塔

图 5.4 基于 Aspen Plus 的 SOFC 发电单元流程模拟图

表 5.5 SOFC 单元模拟结果与 DOE 报告数据对比

项目		膨胀机出口			阳极循环气			阳极入口气		
		DOE报告	模拟结果	误差	DOE报告	模拟结果	误差	DOE报告	模拟结果	误差
物流编号		11	11	—	12	12	—	13	13	—
温度/℃		45	45.7	1.5%	758	758	0%	649	649	0%
压力/MPa		0.14	0.14	0%	0.11	0.11	0%	0.11	0.11	0.00%
质量流量/(kg/h)		325385	325806	0.13%	1062824	1071695	0.83%	1388206	1397500	0.67%
物质的量流量/(kmol/h)		15182	15343	1.06%	33627	33990	1.08%	48808	49332	1.07%
摩尔分数/%	Ar	0.0008	0.0008	0.00%	0.0008	0.0008	0.00%	0.0008	0.0008	0.00%
	CH_4	0.0583	0.058	0.51%	0	0	0.00%	0.0181	0.018	0.55%
	CO	0.3774	0.384	1.75%	0.0477	0.048	0.63%	0.1502	0.1529	1.8%
	CO_2	0.2044	0.195	4.60%	0.5255	0.522	0.67%	0.4256	0.4205	1.2%
	COS	0	0	0.00%	0	0	0.00%	0	0	0.00%
	H_2	0.3519	0.353	0.31%	0.0385	0.0387	0.52%	0.1359	0.1365	0.44%
	H_2O	0.0013	0.002	53.85%	0.3823	0.384	0.44%	0.2638	0.2656	0.68%
	HCl	0	0	0.00%	0	0	0.00%	0	0	0.00%
	H_2S	0	0	0.00%	0	0	0.00%	0	0	0.00%
	N_2	0.006	0.006	0.00%	0.0053	0.0052	1.89%	0.0055	0.0055	0.00%
	O_2	0	0	0	0	378ppm	0.00%	0	259ppm	0.00%
项目		空气			阴极入口			阴极尾气		
		DOE报告	模拟结果	误差	DOE报告	模拟结果	误差	DOE报告	模拟结果	误差
物流编号		15	15	0	16	15-2	—	17	17	—
温度/℃		15	15	0	644	652.3	1.28%	167	219.7	—
压力/MPa		0.101	0.101	0	0.109	0.109	0%	0.106	0.105	0.9%
质量流量/(kg/h)		4407606	4407606	0	8604813	8597177	0.09%	4197207	4193110	0.16%
摩尔分数/%	Ar	0.0094	0.0094	0	0.0096	0.0096	0.00%	0.0098	0.0098	0%
	CH_4	0	0	0	0	0	0.00%	0	0	0
	CO	0	0	0	0	0	0.00%	0	0	0
	CO_2	0.0003	0.0003	0	0.0003	0.0003	0.00%	0.0003	0.0003	0
	COS	0	0	0	0	0	0.00%	0	0	0
	H_2	0	0	0	0	0	0.00%	0	0	0
	H_2O	0.0104	0.0104	0	0.0106	0.0106	0.00%	0.0109	0.0109	0
	HCl	0	0	0	0	0	0.00%	0	0	0
	H_2S	0	0	0	0	0	0.00%	0	0	0
	N_2	0.7722	0.7722	0	0.7892	0.7892	0.00%	0.8069	0.808	0.14%
	O_2	0.2077	0.2077	0	0.1903	0.1903	0.00%	0.1721	0.171	0.64%
项目		阳极出口气			富氧燃烧尾气			纯化 CO_2		
		DOE报告	模拟结果	误差	DOE报告	模拟结果	误差	DOE报告	模拟结果	
物流编号		14	14-1	—	18	18	—	19	CO_2-1	
温度/℃		562	564.7	0.48%	1007	1016	0.89%	24	23.8	
压力/MPa		0.1	0.1	0.00%	0.102	0.102	0.00%	15.272	15.272	

续表

项目		阳极出口气			富氧燃烧尾气			纯化 CO_2	
		DOE 报告	模拟结果	误差	DOE 报告	模拟结果	误差	DOE 报告	模拟结果
质量流量/(kg/h)		535780	540361	0.86%	564818	569408	0.81%	421836	424304
物质的量流量/(kmol/h)		16952	17138	1.10%	17128	17298	0.99%	9585	9641
摩尔分数/%	Ar	0.0008	0.0008	0.00%	0.0009	0.0009	0.00%	—	—
	CH_4	0	0	0.00%	0	0	0.00%	—	—
	CO	0.0477	0.0486	1.89%	0	222ppb	0.00%	—	—
	CO_2	0.5255	0.5223	0.61%	0.5673	0.566	0.23%	1	1
	COS	0	0	0.00%	0	0	0.00%	—	—
	H_2	0.0385	0.0387	0.52%	0	96ppb	0.00%	—	—
	H_2O	0.3823	0.384	0.44%	0.4164	0.419	0.62%	—	—
	HCl	0	0	0.00%	0	0	0.00%	—	—
	H_2S	0	0	0.00%	0	0	0.00%	—	—
	N_2	0.0053	0.0052	1.89%	0.0054	0.0052	3.70%	—	—
	O_2	0	429ppm	0.00%	0.01	0.009	10%	—	—

通过 DOE 报告和文献中给出的标准电极电势参数计算净电极电势，过程如下：方法 1[108] 见表 5.6、表 5.7。

表 5.6　燃料电池中的电化学反应

燃料电池	阳极反应	阴极反应
聚合物电解质和磷酸	$H_2 \longrightarrow 2H^+ + 2e^-$	$^1/_2O_2 + 2H^+ + 2e^- \longrightarrow H_2O$
碱性	$H_2 + 2(OH)^- \longrightarrow 2H_2O + 2e^-$	$^1/_2O_2 + H_2O + 2e^- \longrightarrow 2(OH)^-$
熔融碳酸盐	$H_2 + CO_3^{2-} \longrightarrow H_2O + CO_2 + 2e^-$ $CO + CO_3^{2-} \longrightarrow 2CO_2 + 2e^-$	$^1/_2O_2 + CO_2 + 2e^- \longrightarrow CO_3^{2-}$
固体氧化物	$H_2 + O^{2-} \longrightarrow H_2O + 2e^-$ $CO + O^{2-} \longrightarrow CO_2 + 2e^-$ $CH_4 + 4O^{2-} \longrightarrow 2H_2O + CO_2 + 8e^-$	$^1/_2O_2 + 2e^- \longrightarrow O^{2-}$

表 5.7　燃料电池反应和相应的能斯特方程

电池反应	能斯特方程
$H_2 + {}^1/_2O_2 \longrightarrow H_2O$	$E = E^\ominus + (RT/2F)\ln[P_{H_2}/P_{H_2O}] + (RT/2F)\ln[P_{O_2}^{1/2}]$
$H_2 + {}^1/_2O_2 + CO_{2(c)} \longrightarrow H_2O + CO_{2(a)}$	$E = E^\ominus + (RT/2F)\ln[P_{H_2}/P_{H_2O}(P_{CO_2})_{(a)}] +$ $(RT/2F)\ln[P_{O_2}^{1/2}(P_{CO_2})_{(c)}]$
$CO + {}^1/_2O_2 \longrightarrow CO_2$	$E = E^\ominus + (RT/2F)\ln[P_{CO}/P_{CO_2}] + (RT/2F)\ln[P_{O_2}^{1/2}]$
$CH_4 + 2O_2 \longrightarrow 2H_2O + CO_2$	$E = E^\ominus + (RT/8F)\ln[P_{CH_4}/P_{H_2O}^2 P_{CO_2}] + (RT/8F)\ln[P_{O_2}^2]$

注：a 表示阳极，c 表示阴极。

理想状态下，氢气和氧气反应在 298K 下的标准电极电势为 1.229V，水以气态形式存在的情况下为 1.18V。CO、CH_4、H_2 标准电极电势分别为：

$$E_{0\,CO}=1.33V \tag{5.1}$$

$$E_{0\,CH_4}=1.038V \tag{5.2}$$

$$E_{0\,H_2}=1.18V \tag{5.3}$$

由分压计算的电极电势为：

$$E_{CO}=1.49V \tag{5.4}$$

$$E_{CH_4}=0.848V \tag{5.5}$$

$$E_{H_2}=1.36V \tag{5.6}$$

过电势为：

$$OP=140mV \tag{5.7}$$

电池电势为：

$$E_{cell}=X_{H_2}E_{H_2}+X_{CO}E_{CO}+X_{CH_4}E_{CH_4}-OP=1.17V \tag{5.8}$$

方法 2[109]：

用萤石结构氧化物作为电解质的 SOFC 标准电极电势的方程式如下：

$$E=\frac{RT}{F}\ln\frac{P_{O_2}^{*\,1/4}+P'^{1/4}_{O_2}}{P_{O_2}^{*\,1/4}+P''^{1/4}_{O_2}} \tag{5.9}$$

式中，F 是法拉第常数，R 是气体常数，T 是绝对温度，P'_{O_2} 和 P''_{O_2} 是氧气在阴极和阳极的分压。P''_{O_2} 对应的氧分压为电解质离子转移数变为 0.5，对于理想的纯离子电解质，例如 YSZ，上面的方程式（5.9）可以被简化为：

$$E=\frac{RT}{F}\ln\frac{P'_{O_2}}{P''_{O_2}} \tag{5.10}$$

式（5.10）与从能斯特方程得到的公式是相同的。

在燃料电池领域，阴极以纯氧进料也是一种典型的做法，所以 P'_{O_2} 被认定为 0.1MPa。P''_{O_2} 氧分压在 BPG 复杂化学系统里由热力学决定，平衡状态混合物的组成由最小吉布斯自由能计算得来，系统总的吉布斯自由能由下式表示：

$$G(n_i)=\sum_{1}^{k}n_i u_i \tag{5.11}$$

式中，n_i 为物种 i 的摩尔数；u_i 为吉布斯自由能摩尔分数；k 为物种数量。

现工况阴极为空气进料，则 $P'_{O_2}=0.02$MPa，阳极入口气体按照文献方法通过最小吉布斯自由能归一化计算，得到 $P''_{O_2}=6.8\times10^{-21}$MPa；计算 $E=0.938$V，扣除过电势 $OP=140$mV，最终得到净电极电势 $E_{cell}=0.798$V。

整个 IGFC 装置共有三种能量可以进行回收发电：净化合成气进入下游 SOFC 单元膨胀减压做功、SOFC 电池直接发电、燃料电池尾气进行富氧燃烧的热量回收。

首先，来自低温甲醇单元的净化合成气，压力约为 2.32MPa，而 SOFC 单元在常压下操作，故而在合成气进入 SOFC 之前可利用透平设备回收这部分机械能。根据模型模拟结果，当设备的绝热功率为 0.9、机械功率为 0.985 时能够产生电能 37417kW。

膨胀做功后的合成气进入 SOFC 单元进行发电，合成气进入电堆的阳极，空气进入电堆的阴极。SOFC 发电单元的发电量有两种计算方式：

① 利用热量衡算来计算 SOFC 模块的发电量，其中反应器的反应热扣除空气带走的热量（模型中为模块 H6 热量）、环境的散热量再乘以相应的效率就可以得到净发电量，DOE 报告中 DC-AC 转换效率 97%，假设散热量占总热量 3.5%。

模拟结果显示，原工况 SOFC 电池块的反应热已经扣除了阳极燃料气体进出口升温所需热量，故而净发电量：

净发电量＝(反应热－空气带走热量)×0.99×0.97

＝(868015－260666)×0.965×0.97

＝568509(kW)

② 利用电子转移电量及上述给出的计算净电极电势的方式来计算 SOFC 发电量，见表 5.8。

表 5.8 燃料电池反应电子转移电量

项目	进口量/(kmol/h)	出口量/(kmol/h)	反应量/(kmol/h)	转移电子数/(kmol/h)
H_2	5419.4	662.2	4757.2	9514.4
CO	5894.8	832.3	5062.5	10125
CH_4	896	0	896	7168
合计				26807.4

$$Q(I)=ne^{-}F=\frac{26807.4\times1000}{3600}\times96485=71847553\text{c/s(A)} \tag{5.12}$$

$$P=IE\eta_{DC-AC}=0.798\times71847533\times0.97=556143\text{kW} \tag{5.13}$$

5.4 IGFC 系统模拟结果及分析

燃料电池阳极尾气还含有大量没有反应掉的 H_2 和 CO，这部分尾气进行纯氧燃烧一方面得到纯度比较高的 CO_2，另外燃烧产生大量的热量，这部分热量可采用 HRSG 多级蒸汽来进行发电，多级蒸汽轮机分别利用 3 种规格蒸汽发电（HP、IP、LP）。以合成气热量回收为例简单说明，废热锅炉与气化炉出口相接，高温合成气加热废锅炉产生高压蒸汽（12.4MPa/534℃），高压蒸汽进入高压蒸汽轮机发电后回到 HRSG 再次加热降级为中压蒸汽（3.1MPa/532℃），而后进入中压蒸汽轮机发电，中压蒸汽发电后降级为低压蒸气继续进入低压蒸汽轮机，共有 3 级发电。

在 Aspen 模型中，利用一个二相分离器（FLASH）模拟汽包，3 台冷热物流换热器（HEATX）模拟 HRSG 换热管道，组合成 HRSG 热量回收模型，如图 5.5 所示，用三台出口压力不同的 TURBINE 模拟蒸汽轮机，并对其发电量进行统计，见表 5.9。

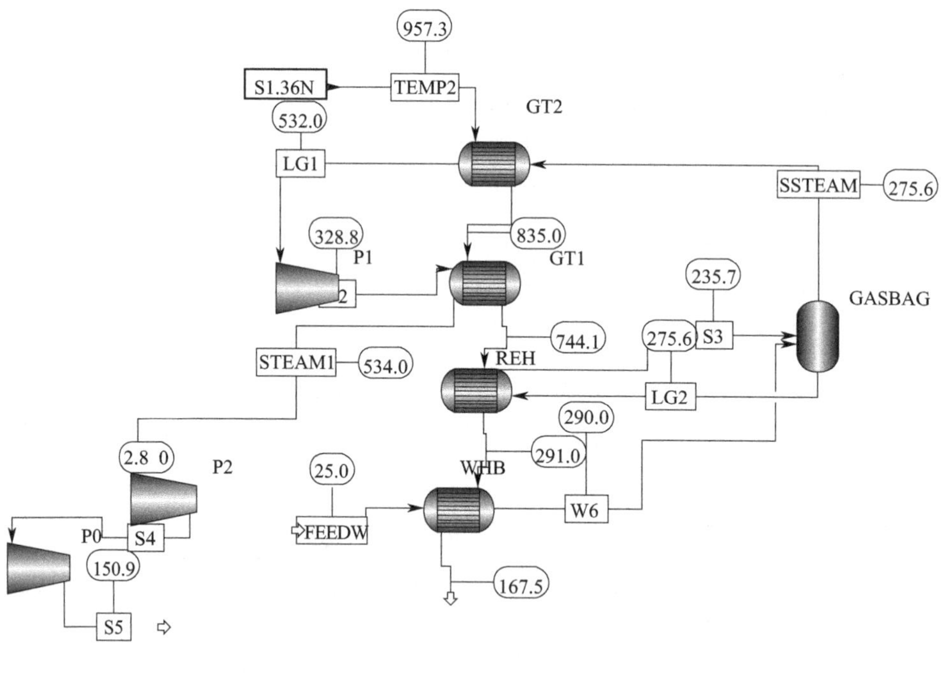

图 5.5 基于 Aspen Plus 的余热回收模型

表 5.9 余热回收蒸汽轮机发电量统计

项目	合成气余热	富氧燃烧尾气余热
热负荷/kW	215535	174907
产蒸汽量/(t/h)	205	180
发电量/kW	73645	64664
合计发电量/kW	138309	
净发电量/kW	134880	

净发电量指扣除煤气化进料的部分蒸汽，进料蒸汽 3.45MPa，60835kg/h。假设使用 HRSG 产生的中压蒸汽进料，可使发电量预计减少 3429kW，根据另一份 DOE 报告，进料蒸汽损耗约占 0.24，折算为 3429kW，高压、中压蒸汽轮机效率 85%。

根据以上分析，其中模型的产能数据全部来自模拟结果，耗能数据中 CO_2 压缩和净化根据模拟结果最终 CO_2 摩尔量与报告 CO_2 摩尔量的比值折合；四台气体压缩机（合成气循环、阴阳极气体循环、阳极鼓风机）数据来自模型模拟结果，其余耗能数据均来自 DOE 报告，得出模型计算与 DOE 报告中的能效数据对比如表 5.10 所示。

表 5.10 IGFC 系统能效计算

项目	DOE 报告	模型	误差/%
SOFC 功率/kW	557300	556143	0.21
合成气膨胀机功率/kW	36400	37417	2.79
蒸汽轮机功率/kW	136200	134880	0.96
总发电功率/kW	729900	728440	0.20
辅助负载汇总/kW	—	—	—
煤炭处理/kW	430	430	0.00
煤炭研磨/kW	1900	1900	0.00
酸性水循环浆液泵/kW	168	168	0.00
灰渣处理/kW	790	790	0.00
空分装置辅助设备/kW	907	907	0.00
空分装置主空压机/kW	41910	41910	0.00
氧气压缩机/kW	12760	12760	0.00
Claus 装置尾气循环压缩机/kW	1450	1450	0.00
CO_2 压缩/kW	39760	39992	0.58
CO_2 提纯/kW	34956	35159	0.58
锅炉给水泵/kW	2364	2364	0.00
凝结水泵/kW	176	176	0.00
合成气循环压缩机/kW	1050	967	7.90
循环水泵/kW	2830	2830	0.00
地下水泵/kW	437	437	0.00
冷却塔风机/kW	1460	1460	0.00

续表

项目	DOE 报告	模型	误差/%
洗涤塔泵/kW	317	317	0.00
急冷水泵/kW	58	58	0.00
工艺辅助功率/kW	2901	2901	0.00
蒸汽轮机辅助设备/kW	57	57	0.00
Claus 装置/尾气处理辅助设备/kW	210	210	0.00
汽轮机辅助设备/kW	78	78	0.00
阴极空气鼓风机/kW	11530	11394	1.18
阴极循环风机/kW	11540	11689	1.29
阳极循环风机/kW	4000	3881	2.98
其他厂区平衡设备/kW	3112	3112	0.00
变压器损耗/kW	2700	2700	0.00
辅助负载总计/kW	179850	180097	0.14
净输出功率/kW	550050	548343	0.31
燃煤量/(kg/h)	184567	184567	0.00
高位热值/(kJ/kg)	27135	27135	0.00
低位热值/(kJ/kg)	26151	26151	0.00
净电厂效率(高位热值)/%	39.5	39.42	0.21
净电厂效率(低位热值)/%	41	40.90	0.25

通过模拟计算与 DOE 报告中的系统能耗对比，发现能耗部分主要误差在于“蒸汽轮机功率”项，在 DOE 报告中仅仅有关于多级余热回收蒸汽发电的描述，没有详细的模型或数据，因此只能通过经验模拟，这是造成误差的主要原因。其他方面通过对比分析，主要有以下方面：

（1）脱硫方式

DOE 报告对于采用的 ZnO 脱硫的方式过于理想化，净化后的合成气硫含量为 0，这在实际生产中是不可能实现的，另外采用此种脱硫方式是否会有催化剂再生问题，是否需要停车再生催化剂，催化剂结焦、生命周期等因素都需要考虑。因此具体采用哪种脱硫方式需要再仔细探讨。

（2）余热回收发电

DOE 报告中采用的多级余热回收装置只有高压、中压蒸汽规格的描述，低压蒸汽的规格没有详细数据；另外考虑到锅炉效率、蒸汽轮机效率，回收的这部分热量能否产生这么高的发电量，后期需要有较为准确并且工业上可行的余热-发电转换模型参数，准确计算发电量。

（3）SOFC 高温循环气及循环压缩机

在 SOFC 部分阴阳极气体都有部分循环，以提高气体利用率。首先 DOE 报告中循环热风机的效率为 80%，对于压力规格 0.11MPa 的进口气来说，这个效率偏高；另外循环气体温度较高（约为 700℃），目前工业上没有能够承受这么高温度的气体压力输送设备，因此气体循环模式需要进一步探讨，可行的工程解决方案如引射泵等也可以纳入考虑范畴。

阳极的气体循环率为 66%，阴极气体循环率为 50%，阳极出口气体循环是为了增加 SOFC 模块的气体全程利用率（转化率），阴极气体为新鲜空气，作用是为 SOFC 中的电极反应提供 O_2，由于新鲜空气价格低廉，可以考虑去掉阴极气体循环，连续在阴极入口通入新鲜空气，同时对阴极进出口气体进行换热以回收热量。

（4）膨胀机效率

合成气进入 SOFC 单元的膨胀机，DOE 报告绝热效率为 90%，膨胀机入口合成气压力 2.32MPa，出口压力 0.14MPa；工业上低压透平膨胀机的效率不高于 85%（进气压力小于 1.6MPa），因此报告上给出的 90% 的效率偏高，需要进一步校核。

（5）煤气化方式探讨

采用不同的煤气化方式，合成气的温度、组成也会不同。例如 Shell 粉煤气化的气化温度较高，合成气中 CO_2、CH_4 含量较低；水煤浆气化的气化温度较低，合成气中的 CO_2、CH_4 含量较高。哪种气化方式会使 IGFC 装置的效率更高需要进一步建立准确的模型，并通过模拟结果进行比对分析。

常压 SOFC 的 IGFC 系统的效率较低，仅为 41.03%，SOFC 作为系统中最重要的发电模块，其输出电量占总发电量的 76.3%，因此若想要提高系统的净电效率，首先要考虑提高 SOFC 电堆的电效率，SOFC 电堆的电效率与其操作条件如温度、压力及进口燃料气体组成密切相关[110]。提高 SOFC 的操作温度和压力可以提高其工作电压[111]，Westinghouse[112] 的报告中指出 800℃ 的操作温度下，工作压力由 0.1MPa 提高至 1MPa，能斯特电压提高 53mV，电流密度提高近 10%；1000℃ 的操作温度下，能斯特电压提高 63mV，电流密度提高近 13%，同时随着工作压力的提高，电池的极化电势也有一定程度下降[113]。甲烷作为 SOFC 最理想的燃料，提高进料气体中甲烷含量可以显著提高电堆电效率。

为探讨不同操作条件对 IGFC 系统效率的影响，在常压 SOFC 的 IGFC 系统模型的基础上，改变 SOFC 的操作压力，增加 SOFC 进口燃料气体中甲烷含量（通过在电堆阳极入口混入特定含量的 CH_4 实现）并计算其系统能效，计算结果见表 5.11。

表 5.11 工作压力及进气甲烷含量对 IGFC 系统效率的影响

参数名称	案例 1	案例 2	案例 3
SOFC 压力/MPa	0.12	0.12	2
SOFC 温度/℃	750	750	750
SOFC 入口甲烷含量(摩尔分数,干基)/%	5.8	24.6	5.8
净发电效率(LHV)η/%	40.90	52.85	47.73

由表 5.11 可以看出，进口甲烷含量（干基）由 5.8%提高至 24.6%，系统的净电效率由 40.90%提高至 52.85%，提升了近 12 个百分点，由此可见增加甲烷含量对于提升 SOFC 性能及系统的整体电效率有显著的影响；案例 3 和案例 1 的对比说明，提高 SOFC 的工作压力对提升系统效率也有很大的帮助，工作压力由微正压加压至 2MPa 可使系统效率提高近 7 个百分点。

第6章

总结与展望

本书通过 IGFC 系统集成的关键技术研究与示范，建立了 IGFC 技术开发体系，验证了 IGFC 高效发电新方法，形成了 IGFC 高效发电新系统，探索了煤炭清洁高效发电新路径。

6.1 总结

（1）建立了 IGFC 技术开发验证体系

建成了可长周期运转的 1kW/5kW/20kW 级 IGFC 技术验证平台，累计测试运转上万小时以上，为 IGFC 技术开发提供大量基础数据。在宁夏煤业煤制油分公司生产厂区内，建成国内规模最大的兆瓦级 IGFC 技术试验基地，占地面积 4000m^2，可连续稳定提供合成气 800m^3/h，具备兆瓦级 IGFC 系统试验能力。

（2）开发了 IGFC 关键材料及零部件

对高温金属材料进行了评估和筛选，从金属材料的使用温度、热膨胀系数、抗渗碳、抗氧化、强度、电阻率、成本、加工难度及货源等性能进行综合分析，310S 与 inconel 625 两种金属材料相对较优，其次为 441 和 800H 两种金属材料；对高温密封材料进行了评估和筛选，在 700～800℃高温工况下，云母测试件（有效面积为 37.81cm^2）泄漏率小于 5mL/min，可以满足发电模块集成要求；基于焊接难度小的电焊工艺，成功研制了高温布气板，泄漏率满足发电模块集成要求；通过对焊接工艺、焊料、陶瓷材料、金属材质等工艺条件进行筛选，优化出使用 95 氧化铝陶瓷和 inconel 625 不锈钢制备的不锈钢陶瓷接头，研制了1in和2in大小的不锈钢陶瓷接头，泄漏率小于10^{-6}mL/min，满足发电模块集成要求。

（3）开发了IGFC多堆发电模块集成技术

发电模块集成是IGFC系统的关键核心技术，涉及电堆一致性评估和堆塔结构设计两项技术。良好的电堆一致性是高性能发电模块集成的前提保障，电堆一致性评估主要包括电堆泄漏率及压降两个指标。对某批量化制备的千瓦级SOFC电堆进行泄漏率和压降检测评估，常温下泄漏率小于0.5mL/min，高温下阴阳极气体压降小于2kPa。在堆塔结构设计方面，研究和提出了空气封闭式和空气开放式两种SOFC电堆模块集成技术，自主设计和建成国内首套20kW级的IGFC多堆发电模块，首次实现单一发电模块集成16个SOFC电堆，以煤制合成气为原料时模块最大发电功率21.2kW，燃料电池发电效率55.6%，稳定运行250h以上。

（4）开发了IGFC发电系统工艺及关键装备

研究了合成气工况下积碳规律及控制方法。热力学分析表明，氢碳比和水碳比越高，越不易发生积碳，在一定氢碳比和水碳比的反应条件下，可通过提高系统温度来抑制积碳发生。通过实验研究了高温板式换热器换热效率与压降，在700～800℃工况条件下，换热效率大于80%，气体压降小于3kPa。开展了20kW级SOFC发电尾气催化氧化燃烧富集CO_2技术验证，燃烧温度300～800℃，测量不同过氧量下CO转化率，在5%过氧量条件下，尾气CO转化率达到92%以上，可以富集CO_2。建立了SOFC发电单元热量平衡数学模型，得到了发电功率和发电效率随燃料利用率的变化趋势以及热区温度随阴极空气流量的变化趋势，提出了热管理系统控制策略。建立了纯氧燃烧单元尾气CO_2浓度预测模型，预测绝对误差小于1%。

（5）开展了IGFC系统集成示范

自主设计和建成国内首套百千瓦级CO_2近零排放的IGFC试验示范系统，包括5套20kW级SOFC发电模块，燃料电池系统最大发电功率101.7kW，发电效率53.2%，CO_2捕集率98.6%（CO_2纯度97.4%），连续运转100h以上。在此基础上，研制了单机30kW级SOFC热电联供系统，单一模组集成24个SOFC电堆，最大发电功率32.4kW，最大发电净效率52.6%，热电联供效率85%以上，稳定运转300h以上；研制了单机50kW级高效IGFC发电系统，单一模组集成40个SOFC电堆，最大发电功率55.8kW，直流发电效率59.8%，稳定运转550h以上，功率没有衰减。

(6)开展了百兆瓦级IGFC系统模拟分析

基于Aspen Plus软件，建立了IGFC系统模拟模型，针对美国DOE报告中的500MW级IGFC系统（常压SOFC）开展了仿真分析，该系统CO_2捕集后净发电效率为41%，与美国DOE报告结果相对误差0.25%。为进一步提高IGFC系统发电效率，需要采用加压SOFC技术以及副产CH_4的气化技术，CO_2捕集后IGFC系统净发电效率可以达到50%以上，远高于目前带CO_2捕集的超超临界燃煤发电效率。

6.2 展望

IGFC技术作为一种高效、清洁的发电技术，其未来发展前景十分广阔。随着技术的不断突破和成熟度的提升，IGFC和SOFC技术有望在多个领域展现出巨大的应用潜力。

在集中式发电领域，IGFC技术能够凭借其高效的发电特性，显著提升发电效率，降低单位发电量的能耗。其清洁的特性也使得在发电过程中减少对环境的污染，尤其是在二氧化碳捕集方面具备突出优势，这对于构建绿色、可持续的大型电力供应体系意义重大。未来，随着技术的进一步优化，百兆瓦甚至更大规模的IGFC集中式发电站有望成为现实，为城市和工业集群提供稳定且清洁的电力。

分布式能源领域同样为SOFC技术提供了广阔的舞台。它可以灵活地部署在社区、商业中心以及工业厂区等场所，满足不同用户对电力的多样化需求。分布式的SOFC系统能够与本地的能源消耗情况相匹配，实现能源的就地生产和消费，减少电力传输过程中的损耗，提高能源利用的整体效率。这不仅增强了能源供应的可靠性，还为用户提供了更多自主选择能源来源的机会。

在热电联供系统中，SOFC技术的应用优势尤为明显。除了高效发电外，其产生的废热能够被充分回收利用，用于区域供暖、工业加热等用途。这种热电联供的模式极大地提高了能源的综合利用率，减少了能源的浪费。在寒冷地区的冬季，SOFC热电联供系统可以同时为居民提供温暖的暖气和可靠的电力，实现能源的高效协同利用。

此外，IGFC技术的发展对于全球实现“双碳”目标具有不可忽视的推动作用。通过高效发电和高二氧化碳捕集，它能够显著降低电力行业的碳排放，为全球应对气候变化做出积极贡献。随着全球对气候变化问题的关注度不断提高，各国纷纷制定严格的碳排放目标，IGFC 技术有望成为实现这些目标的重要技术手段之一。

然而，当前 IGFC 技术仍面临着诸多挑战。在大型化方面，要实现百兆瓦甚至更大规模的商业应用，需要进一步优化系统设计，提高设备的可靠性和稳定性。大型化过程中，设备的制造工艺、安装调试以及运行维护都面临更高的要求，需要投入更多的研发资源来攻克这些难题。

寿命问题也是制约 IGFC 技术广泛应用的关键因素之一。IGFC 系统中的核心部件，如高温燃料电池等，在长期运行过程中容易受到高温、高压、复杂化学反应等因素的影响，导致性能下降和寿命缩短。因此，研发新型的耐高温、耐腐蚀材料，优化部件的结构设计，提高其耐久性，是延长 IGFC 系统寿命的重要方向。

成本问题同样不容忽视。目前，IGFC 技术的设备制造、运行维护以及原材料采购等成本相对较高，这限制了其大规模商业化推广。要降低成本，需要从多个方面入手。一方面，通过技术创新提高生产效率，降低单位产品的制造成本；另一方面，推动产业链的发展，形成规模效应，降低原材料和零部件的采购成本。同时，优化系统的运行管理，降低能源消耗和维护成本。

此外，IGFC 技术的上下游供应链目前还较为薄弱。上游的原材料供应不稳定，部分关键材料、零部件等依赖进口，且价格波动较大；下游的市场应用场景开发不足，缺乏完善的销售和服务网络。这就需要政府出台相应的鼓励政策，例如提供研发补贴、税收优惠、产业扶持资金等，引导企业加大对 IGFC 技术的研发投入，培育上下游企业，完善产业链条。同时，加强国际合作与交流，引进国外先进技术和经验，促进 IGFC 技术的快速发展和产业化进程。

参考文献

[1] Bull S R. Renewable energy today and tomorrow [J] . Proceedings of the IEEE, 2001, 89 (8): 1216-1226.

[2] 于琳娜 . 全球能源系统将加速转型 [N]. 中国电力报, 2022-11-08 (003) . DOI: 10. 28061/n. cnki. ncdlb. 2022. 001447.

[3] 杜尚泽 . “不能把手里吃饭的家伙先扔了” [N]. 人民日报, 2022-03-06 (01) .

[4] 国际能源署 . 中国能源体系碳中和路线图 [R]. An Energy Sector Roadmap to Carbon Neutrality in China.

[5] 中国电力企业联合会 . 2023 年电力行业经济运行报告 [R]. http: //lwzb. stats. gov. cn/pub/lwzb/bztt/202405/W020240527578179924981. pdf.

[6] 汪普林 . IGFC-CC 系统及其应用前景 [J]. 电力环境保护, 2003, 19 (3): 40-41.

[7] 王哮江, 刘鹏, 李荣春, 等 . “双碳” 目标下先进发电技术研究进展及展望 [J]. 热力发电, 2022, 51 (01): 52-59.

[8] 彭苏萍, 张博, 王佟 . 煤炭资源可持续发展战略研究 [M]. 北京: 煤炭工业出版社, 2015.

[9] International Energy Agency. Global energy review: CO_2 emissions in 2021 [EB/OL]. Paris: IEA, 2021 [2022-05-17]. https: //www. iea. org/reports/global-energy-reviewco2-emissions-in-2021-2.

[10] 王佩璋 . 燃料电池与 IGCC 复合发电是未来煤电的发展方向 [J]. 发电设备, 2006, 20 (5): 305-307.

[11] 李萍萍, 刘长磊, 黄斌, 等 . 煤气化燃料电池发电系统模拟及分析 [J]. 计算机与应用化学, 2018, 35 (12): 988-996.

[12] 王倩, 王卫良, 刘敏, 等 . 超 (超) 临界燃煤发电技术发展与展望 [J]. 热力发电, 2021, 50 (2): 1-9.

[13] Ren Siyue, Feng Xiao, Wang Yufei. Energy evaluation of the integrated gasification combined cycle power generation systems with a carbon capture system [J]. Renewable and Sustainable Energy Reviews, 2021, 147: 111208.

[14] 姜薇, 曹炯明 . 新能源发展形势下的煤电与光伏储能联动发展 [J]. 新能源科技, 2021 (10): 30-32.

[15] 凌文, 刘玮, 李育磊, 等 . 中国氢能基础设施产业发展战略研究 [J]. 中国工程科学, 2019, 21 (3): 76-83.

[16] Wu W, Zheng L, Shi B, et al. Energy and exergy analysis of MSW-based IGCC power/polygeneration systems [J]. Energy Conversion and Management, 2021, 238: 114119.

[17] Ingh S P, Ohara B, Ku A Y. Prospects for cost competitive integrated gasification fuel cell systems [J]. Applied Energy, 2021, 290: 116753.

[18] Krüger M. Process development for integrated coal gasification solid oxide fuel cells hybrid power

plants Investigations on solid oxide fuel cells/gas turbine hybrid power plants Run on clean coal gas [J]. Applied Energy，2019，250：19-31.

[19] Li M，Rao A D，Brouwer J，et al. Design of highly efficient coal-based integrated gasification fuel cell power plants [J]. Journal of Power Sources，2010，195 (17)：5707-5718.

[20] Taufiq B N，Kikuchi Y，Ishimoto T，et al. Conceptual design of light integrated gasification fuel cell based on thermodynamic process simulation [J]. Applied Energy，2015 (147)：486-499.

[21] Subhashc S，Kevin K. 高温固体氧化物燃料电池：原理、设计和应用 [M]. 韩敏芳，蒋先锋，译. 北京：科学出版社，2006.

[22] 于泽庭，蒙青山，张承慧，等. CO_2 近零排放固体氧化物燃料电池冷热电联供系统的性能分析 [J]. 中国电机工程学报，2017，37 (1)：200-208.

[23] 胡亮，杨志宾，熊星宇，等. 我国固体氧化物燃料电池产业发展战略研究 [J]. 中国工程科学，2022，24 (3)：118-126.

[24] 韩敏芳，彭苏萍. 碳基燃料固体氧化物燃料电池发展前景 [J]. 中国工程科学，2013，15 (2)：4-6，26.

[25] 韩敏芳，彭苏萍. 固体氧化物燃料电池材料及制备 [M]. 北京：科学出版社，2004.

[26] 宋世栋，韩敏芳，孙再洪. 管式固体氧化物燃料电池堆的研究进展 [J]. 科学通报，2013，58 (21)：2035-2045.

[27] 曾洪瑜，史翊翔，蔡宁生. 燃料电池分布式供能技术发展现状与展望 [J]. 发电技术，2018，39 (2)：165-170.

[28] 滕梓源，张海明，吕泽伟，韩敏芳. 分布式固体氧化物燃料电池发电系统发展现状与展望 [J]. 中国电机工程学报，2023，43 (20)：7959-7972.

[29] Krishnan S，Armstrong F A. Order-of-magnitude enhancement of an enzymatic hydrogen-air fuel cell based on pyrenyl carbon nanostructures [J]. Chem Sci.，2012，3：1015.

[30] Steele B C H. Fuel-cell technology-running on natural gas [J]. Nature，1999，400：619.

[31] Liu H S，Song C J，Zhang L，et al. A review of anode catalysis in the direct methanol fuel cell [J]. Power Sources，2006，155：95-110.

[32] Antolini E. Catalysts for direct ethanol fuel cells [J]. Power Sources，2007，170：1-12.

[33] Feng L，Chang J，Jiang K，et al. Nanostructured palladium catalyst poisoning depressed by cobalt phosphide in the electro-oxidation of formic acid for fuel cells [J]. Nano Energy，2016，30：355-361.

[34] Kreuer K D. On the development of proton conducting polymer membranes for hydrogen and methanol fuel cells [J]. Membr. SCi.，2001，185：29-39.

[35] Suzuki T. Fuel cell stack technology of Toyota [J]. ECS Transactions，2016，75：423-434.

[36] 李政翰，涂正凯. 质子交换膜燃料电池仿真模型研究进展 [J]. 化工进展，2022，41 (10)：5272-5296.

[37] Wang Y J，Qiao J L，Baker R，Zhang J J. Alkaline polymer electrolyte membranes for fuel cell applications [J]. Chem. Soc. Rev，2013，42：5768-5787.

[38] Lu S F，Pan J，Huang A B，et al. Alkaline polymer electrolyte fuel cells completely free from noble metal catalysts [J]. Proc. Natl. Acad. Sci. U. S. A. 2008，105：20611-20614.

[39] 宁凡迪. 高比功率质子交换膜燃料电池关键材料与技术研究 [D]. 合肥：中国科学技术大学，2021.

[40] Lukas M D, Lee K Y, Ghezel-Ayagh H. Development of a stack simulation model for control study on direct reforming molten carbonate fuel cell power plant [J]. IEEE Trans. Energy Convers, 1999, 14: 1651-1657.

[41] Milewski J, Wolowicz M, Miller A, Bernat R. A reduced order model of Molten Carbonate Fuel Cell: A proposal [J]. Int. J. Hydrogen Energy, 2013, 38: 11565-11575.

[42] Morita H, Komoda M, Mugikura Y, et al. Matsuyama, Performance analysis of molten carbonate fuel cell using a Li/Na electrolyte [J]. J. Power Sources, 2002, 112: 509-518.

[43] Daza L, Rangel C M, Baranda J, et al. Modified nickel oxides as cathode materials for MCFC [J]. J. Power Sources, 2000, 86: 329-333.

[44] Kim S G, Yoon S P, Han J, et al. A study on the chemical stability and electrode performance of modified NiO cathodes for molten carbonate fuel cells [J]. Electrochim. Acta, 2004, 49: 3081-3089.

[45] Makkus R C, Hemmes K, Dewit J H W. A comparative-study of NiO (Li), $LiFeO_2$ and $LiCoO_2$ porous cathodes for Molten-Carbonate Fuel-Cells [J]. J. Electrochem. Soc. , 1994, 141: 3429-3438.

[46] Mendoza L, Baddour-Hadjean R, Cassir M, et al. Raman evidence of the formation of LT-$LiCoO_2$ thin layers on NiO in molten carbonate at 650℃ [J]. Appl. Surf Sci 2004, 225: 356-361.

[47] Carapellucci R, Saia R, Giordano L. Study of gas-steam combined cycle power plants integrated with MCFC for carbon dioxide capture [J]. Energy Procedia, 2014, 45: 1155-1164.

[48] Campanari S, Manzolini G, Chiesa P. Using MCFC for high efficiency CO_2 capture from natural gas combined cycles: Comparison of internal and external reforming [J]. Appl. Energy, 2013, 112: 772-783.

[49] Ramandi M. Y, Dincer I. Thermodynamic performance analysis of a molten carbonate fuel cell at very high current densities [J]. J. Power Sources, 2011, 196: 8509-8518.

[50] 彭苏萍，韩敏芳．煤基/碳基固体氧化物燃料电池技术发展前沿 [J]. 自然，2009，31 (04): 187-192.

[51] 毛宗强，等．燃料电池 [M]. 北京：化学工业出版社，2005：275.

[52] Timurkutluk B, Timurkutluk C, Mat M D, et al. A review on cell/stack designs for high performance solid oxide fuel cells [J]. Renew Sustain Energy Rev, 2016, 56: 1101-1121.

[53] Campanari S, Mastropasqua L, Gazzani M, et al. Predicting the ultimate potential of natural gas SOFC power cycles with CO_2 capture e Part A: methodology and reference cases [J]. J Power Sources, 2016, 324: 598-614.

[54] Singhal S C. Solid oxide fuel cells for power generation [J]. WIREs Energy Environ 2014, 3: 179-194.

[55] 刘琨，黄辉，陈曦，等．低温固体氧化物燃料电池发展及应用 [J]. 稀土，2024，45 (03)：135-142.

[56] Steele B C H, Heinzel A. Materials for fuel-cell technologies [J] . Nature, 2001, 414 (6861): 345-352.

[57] Sun C, Stimming U. Recent anode advances in solid oxide fuel cells [J] . Journal of Power Sources Journal of Power Sources, 2007, 171 (2): 247-260.

[58] Zhang W, Wei J L, Yin F S, et al. Recent advances in carbon-resistant anodes for solid oxide fuel cells [J] . Materials Chemistry Frontiers, 2023, 7 (10): 1943-1991.

[59] Feng M, Goodenough J B. A superior oxide-ion conductor [J] . European Journal of Solid State

and Inorganic Chemistry, 1994, t31: 663-672.

[60] Kirubakaran A, Jain S, Nema R K. A review on fuel cell technologies and power electronic interface [J]. Renew Sustain Energy Rev, 2009, 13: 2430-2440.

[61] 林剑春，李伟章，王文广，等．中低温固体氧化物燃料电池电解质的研究进展 [J]. 中国陶瓷，2023, 59 (11): 1-10.

[62] Fushimi C, Guan G Q. Advanced integrated coal gasification combined cycle: current status of development [M]//Encyclopedia of Sustainable Technologies. Amsterdam: Elsevier, 2017: 423-439.

[63] 许世森，周贤，安航，等．整体煤气化燃料电池发电系统构建及模拟优化研究 [J]. 中国电机工程学报，2022, 42 (19): 7102-7113.

[64] DOE. Cost and performance baseline for fossil energy plants [Z] . 2010.

[65] DOE. Analysis of integrated gasification fuel cell plant configurations [Z] . 2010.

[66] 董斌琦，李初福，刘长磊，等．CO_2 近零排放的煤气化燃料电池发电技术及挑战 [J]. 煤炭科学技术，2019, 47 (7): 189-193.

[67] 张静思，陈志光，詹心怡，等．固体氧化物燃料电池尾气在多孔介质中的燃烧特性 [J]．同济大学学报（自然科学版），2021, 49 (7): 1047-1052.

[68] 李嘉瑞，邹春，姚青，等．固体氧化物燃料电池电堆尾气燃烧稳定性研究 [J]．煤气与热力，2021, 41 (7): 32-36.

[69] 季明彬，李大钧，龚思琦，等．SOFC 尾气催化燃烧特性 [J]．燃烧科学与技术，2021, 27 (2): 201-207.

[70] Wang Hanlin, Lei Qilong, Li Pingping, et al. Key CO_2 capture technology of pure oxygen exhaust gas combustion for syngas-fueled high -temperature fuel cells [J]. International Journal of Coal Science & Technology, 2021, 8 (3): 383-393.

[71] 蔡浩，魏涛，高庆宇．国内固体氧化物燃料电池主要研究团体及发展现状 [J]．化工新型材料，2015, 43 (3): 9-11.

[72] 陈烁烁．固体氧化物燃料电池产业的发展现状及展望 [J]. 陶瓷学报，2020, 41 (05): 627-632.

[73] Curtin S E, Gangi J. The business case for fuel cell: Delivering sustainable value [R]. Argonne: Argonne National Laboratory, 2017.

[74] Bloom Energy. Hydrogen fuel cells [EB/OL]. San Jose, CA: BE, 2022 [2022-05-15]. https: //www. bloomenergy. com/applications/hydrogen-fuel-cells.

[75] 杨占奇，许明，张乐乐，等．CO_2 近零排放的煤间接液化和 IGFC 集成系统 [J]. 洁净煤技术，2023, 29 (01): 59-63.

[76] Mitsubishi Heavy Industries. Fuel cells, hybrid system of solid oxide fuel cells (SOFC) and micro gas turbines (MGT) [EB/OL]. Tokyo: MHI, 2022 [2022-05-15]. https: //www. mhi. com/products/energy/sofc. html.

[77] Ba Liming, Xiong Xingyu, Yang Zhibin, et al. A novel multi-physics and multi-dimensional model for solid oxide fuel cell stacks based on alternative mapping of BP neural networks [J]. Journal of Power Sources, 2021, 500: 229784.

[78] 张倩，刘海华，梁国本，等．中温固体氧化物燃料电池复合阴极研究进展 [J]. 工业催化，

2024, 32 (06): 8-13.

[79] 孙旭东，张博，彭苏萍．我国洁净煤技术 2035 发展趋势与战略对策研究 [J]. 中国工程科学，2020, 22 (3): 132-140.

[80] Su Rdoval W. SOFC development in the USA, the 8th European solid oxide fuel cell forum: B0106 [C] . Lucerne, Switzerland, 2008.

[81] 曹静，王小博，孙翔，等．基于固体氧化物燃料电池的高效清洁发电系统 [J]. 南方能源建设，2020, 7 (02): 28-34.

[82] Ruth L A. Vision 21: Ultra-clean energy plants for the 21st century [C] //2000 Gasification Technologies Conference. San Francisco: Gasification Technologies Council, 2000.

[83] 王琦，杨志宾，李初福，等．整体煤气化燃料电池联合循环发电（IGFC）技术进展研究 [J] . 洁净煤技术，2022, 28 (1): 78-84.

[84] Jansen D, P C van der Laag, A B J Oudhuis. Prospects for advanced coal-fuelled fuel cell power plants [J]. Journal of Power Sources, 1994, 49: 151-165.

[85] Tajima M, Kawamura M, Yoshioka F, et al. The outline of EAGLE project (Coal Energy Application for Gas, Liquid, and Electricity) [C] // The Proceedings of the National Symposium on Power and Energy Systems. Tokyo: The Japan Society of Mechanical Engineers, 2002.

[86] Guan Guoqing. Clean coal technologies in Japan: A review [J]. Chinese Journal of Chemical Engineering, 2017, 25: 689-697.

[87] Guan Guoqing, Fushimi Chihiro, Tsutsumi Atsushi, et al. High-density circulating fluidized bed gasifier for advanced IGCC/IGFC-Advantages and challenges [J]. Particuology, 2010, 8 (6): 602-606.

[88] 孟辉．IGCC-SOFC 复合动力系统研究 [D] . 北京：华北电力大学，2009.

[89] Jansen D, van der Laag P C, Oudhuis A B J, et al. Prospects for advanced coal-fuelled fuel cell power plants [J]. Journal of Power Sources, 1994, 49 (1-3): 151-165.

[90] 相曾健司．大崎 COOLGEN 吹氧 IGCC 验证项目概况与进展 [R]. 东京：中日节能环保综合论坛，2015.

[91] Mitsubishi Heavy Industries. Fuel cells, hybrid system of solid oxide fuel cells (SOFC) and micro gas turbines (MGT) [EB/OL]. Tokyo: MHI, 2022 [2022-05-15]. https: //www. mhi. com/products/energy/sofc. html.

[92] Grol E. Technical assessment of an integrated gasification fuel cell combined cycle with carbon capture [J]. Energy Procedia, 2009, 1 (1): 4307-4313.

[93] Romano M C, Spallina V, Campanari S. Integrating IT-SOFC and gasification combined cycle with methanation reactor and hydrogen firing for near zero-emission power generation from coal [J]. Energy Procedia, 2011, 4: 1168-1175.

[94] Lanzini a, Kreutz T G, Martelli E, et al. Energy and economic performance of novel integrated gasifier fuel cell (IGFC) cycles with carbon capture [J]. International journal of Greenhouse Gas Control, 2014, 26: 169-184.

[95] Timo Kivisaari, Pehr Björnboma, Christopher Sylwan, et al. The feasibility of a coal gasifier combined with a high-temperature fuel cell [J]. Chemical Engineering Journal, 2004, 100: 167-180.

[96] Ghosh S, De S. Energy analysis of a cogeneration plant using coal gasification and solid oxide fuel

cell [J]. Fuel and Energy Abstracts, 2006, 31 (2/3): 345-363.

[97] Rudra Souman, Lee Jinwook, Rosendahl L, et al. A performance analysis of integrated solid oxide fuel cell and heat recovery steam generator for IGFC system [J]. Frontiers of Energy & Power Engineering in China, 2010, 4 (3): 402-413.

[98] Naraharisetti P K, Lakshminarayanan S, Karimi I A. Design of biomass and natural gas based IGFC using multi-objective optimization [J]. Energy, 2014, 73: 635-652.

[99] 彭苏萍，黄其励，俞珠峰，等．煤炭高效转化及近零排放利用产业培育与发展 [C] //中国战略性新兴产业发展报告．北京：科学出版社，2013：109-120.

[100] Peng Suping. Current status of national integrated gasification fuel cell projectsin China [J] . International Journal of Coal Science & Technology, 2021, 8 (3): 327-334.

[101] Wei Chang, Liu Zhien, Li Chufu, et al. Status of an MWth integrated gasification fuel cell power generation system in China [J] . International Journal of Coal Science & Technology, 2021, 8 (3): 401-411.

[102] 李萍萍，刘长磊，黄斌，等．煤气化燃料电池发电系统模拟及分析 [J]．计算机与应用化学，2018，35 (12)：988-996.

[103] Zheng Shu, Shi Yixiang, Wang Zhiqi, et al. Development of new technology for coal gasification purification and research on the formation mechanism of pollutants [J]. International Journal of Coal Science & Technology, 2021, 8 (3): 335-348.

[104] Han Minfang, Lyu Zewei. Solid oxide cells development in China [C] //The Proceedings of 14th European SOFC & SOE Forum. Lucerne: The European Fuel Cell Forum, 2020.

[105] Yang Zhibin, Lei Ze, Ge Ben. Development of catalytic combustion and CO_2 capture and conversion technology [J]. International Journal of Coal Science & Technology, 2021, 8 (3): 377-382.

[106] Mu Shujun, Yang Wenqiang, Zhou You. Power electronics based MW SOFC system design for Integrated Gasification Fuel Cell (IGFC) [C] //The Proceedings of IEEE Energy Conversion Congress and Exposition. Portland: Institute of Electrical and Electronics Engineers, 2018.

[107] US National Energy Technology Laboratory. Analysis of Integrated Gasification Fuel Cell Plant Configurations. DOE/NETL-2011-1482, February 25, 2011.

[108] EG&G Services Parsons, Inc. Fuel Cell Handbook 5th Ed. National Energy Technology Laboratory, 2000.

[109] 朱威，尹艳红，高岑，等．生物质气为燃料的燃料电池理论电动势计算 [J]. Chinese Journal of Chemical Physics, 2006, (04): 325-328, 375.

[110] 陈志远，王丽君，赵海雷，等．碳基燃料气体组成和运行温度对固体氧化物燃料电池开路电压的影响 [J]. 工程科学学报，2018，38 (11)：1610-1619.

[111] Muramoto A, Kikuchi Y, Tachikawa Y, et al. High-pressure C-H-O diagrams: Fuel composition, carbon deposition, and open circuit voltage ofpressurized SOFCs [J]. Hydrogen Energy, 2017, 42: 30769-30786.

[112] Virkar A, Fung K, Singhal S C. The effect of pressure on solidoxide fuel cell performance [R]. US: Office of Scientific & Technical Information Technical Reports, 1997.

[113] Kobayashi Y. Triple combined cycle power generation [M]. Japan: Springer, 2016. 497-505.